Adobe
Illustrator CC
课堂实录

汪可　许歆云　主编

清華大學出版社
北京

内 容 简 介

本书以 Illustrator 软件为载体，以知识应用为中心，对平面设计知识进行了全面阐述。书中每个案例都给出了详细的操作步骤，同时还对操作过程中的设计技巧进行了描述。

全书共 12 章，遵循由浅入深、循序渐进的思路，依次对平面设计入门知识、Illustrator 的基础操作、编辑矢量图形、对象编辑、填充与描边、文字应用、效果应用、外观与样式、文档输出等内容进行了详细讲解。最后通过制作手抄报、宣传海报、户外广告等综合案例，对前面所学的知识进行了综合应用，以达到举一反三、学以致用的目的。

本书结构合理，思路清晰，内容丰富，语言简练，解说详略得当，既体现了鲜明的基础性，也体现了很强的实用性。

本书既可作为高等院校相关专业的教学用书，又可作为平面设计爱好者的学习用书；同时也可作为社会各类 Illustrator 软件培训班的首选教材。

图书在版编目(CIP)数据

Adobe Illustrator CC课堂实录 / 汪可，许歆云主编. —北京：清华大学出版社，2021.1（2023.1重印）
ISBN 978-7-302-56737-0

Ⅰ. ①A… Ⅱ. ①汪… ②许… Ⅲ. ①图形软件 Ⅳ. ①TP391.412

中国版本图书馆CIP数据核字（2020）第210749号

责任编辑：李玉茹
封面设计：杨玉兰
责任校对：王明明
责任印制：宋　林
出版发行：清华大学出版社
    网 址：http://www.tup.com.cn，http://www.wqbook.com
    地 址：北京清华大学学研大厦A座   邮 编：100084
    社 总 机：010–83470000   邮 购：010-62786544
    投稿与读者服务：010-62776969，c-service@tup.tsinghua.edu.cn
    质量反馈：010-62772015，zhiliang@tup.tsinghua.edu.cn
印 装 者：三河市铭诚印务有限公司
经 销：全国新华书店
开 本：200mm×260mm   印 张：16.75   字 数：408千字
版 次：2021年1月第1版 印 次：2023 年 1 月第 3 次印刷
定 价：79.00 元

产品编号：089276-01

序　言

数字艺术设计是指通过数字化手段和数字工具实现创意和艺术创作的全新职业技能，全面应用于文化创意、新闻出版、艺术设计等相关领域，并覆盖移动互联网应用、传媒娱乐、制造业、建筑业、电子商务等行业。

ACAA意为联合数字创意和设计相关领域的国际厂商、龙头企业、专业机构和院校，为数字创意领域人才培养提供最前沿的国际技术资源和支持，是中国教育发展战略学会教育认证专业委员会常务理事单位。

ACAA二十年来始终致力于数字创意领域，在国内率先制定数字创意领域数字艺术设计技能等级标准，填补该领域空白，依据职业教育国际合作项目成立"设计类专业国际化课改办公室"，积极参与"学历证书+若干职业技能等级证书"相关工作，目前是Autodesk中国教育管理中心。

ACAA在数字创意相关领域具有显著的品牌辨识度和影响力，并享有独立的自主知识产权，先后为Apple、Adobe、Autodesk、Sun、Redhat、Unity、Corel等国际软件公司提供认证考试和教育培训标准化方案，经过二十年市场检验，获得了充分肯定。

二十年来，通过ACAA数字艺术设计培训和认证的学员，有些已成功创业，有些成为企业骨干力量。众多考生通过ACAA数字艺术设计师资格，或实现入职，或实现加薪、升职，企业还可以通过高级设计师资格完成资质备案，来提升企业竞标成功率。

ACAA系列教材旨在为院校和学习者提供更为科学、严谨的学习资源，我们致力于把最前沿的技术和最实用的职业技能评测方案提供给院校和学习者，促进院校教学改革，提升教学质量，助力产教融合，帮助学习者掌握新技能，强化职业竞争力，助推学习者的职业发展。

ACAA教育/Autodesk中国教育管理中心

（设计类专业国际化课改办公室）

主任：王　东

前　言

本书内容概要

Illustrator 是 Adobe 公司推出的一款专业矢量绘图软件，具有文字处理、上色、矢量图形处理和图像输入与输出等功能，被广泛应用于印刷制品设计、插图制作、排版设计等领域。本书从软件的基础讲起，循序渐进地对软件功能进行全面论述，让读者充分熟悉软件的各大功能。同时，结合各领域的实际应用，进行案例展示和制作，并对行业相关知识进行深度剖析，以辅助读者完成各项平面设计工作。每个章节结尾处都安排有针对性的练习测试题，以实现学习成果的自我检验。本书分三大篇共 12 章，其主要内容如下：

篇	章节	内容概述
学习准备篇	第 1 章	主要讲解了色彩的基础知识、相关软件协同应用、Illustrator 软件的应用领域和工作界面及图像的专业术语
理论知识篇	第 2 ～ 9 章	主要讲解了 Illustrator 软件的基础操作、矢量图形绘制、对象编辑、填充与描边、文字的应用、效果的应用、外观与样式、文档的输出
实战案例篇	第 10 ～ 12 章	主要讲解了手抄报、海报和户外广告的相关知识和设计案例制作

系列图书一览

　　本系列图书既注重单个软件的实操应用，又看重多个软件的协同应用，以"理论＋实操"为创作模式，向读者全面阐述了各软件在设计领域中的强大功能。在讲解过程中，结合各领域的实际应用，对相关的行业知识进行了深度剖析，以辅助读者完成各种类型的设计工作。正所谓要"授人以渔"，通过本系列图书，读者不仅可以掌握这些设计软件的使用方法，还能利用它独立完成作品的创作。本系列图书包含以下图书作品：

- ★ 《Adobe Photoshop CC 课堂实录》
- ★ 《Adobe Illustrator CC 课堂实录》
- ★ 《Adobe InDesign CC 课堂实录》
- ★ 《Adobe Dreamweaver CC 课堂实录》
- ★ 《Adobe Animate CC 课堂实录》
- ★ 《Adobe Premiere Pro CC 课堂实录》
- ★ 《Adobe After Effects CC 课堂实录》
- ★ 《CorelDRAW 课堂实录》
- ★ 《Photoshop CC ＋ Illustrator CC 插画设计课堂实录》
- ★ 《Premiere Pro CC+After Effects CC 视频剪辑课堂实录》
- ★ 《Photoshop+Illustrator+InDesign 平面设计课堂实录》
- ★ 《Photoshop+Animate+Dreamweaver 网页设计课堂实录》

配套资源获取方式

　　本书由汪可、许歆云编写，其中汪可编写第 1~7 章、许歆云编写第 8~12 章。由于水平有限，书中疏漏在所难免，望广大读者批评指正。

　　扫描下面二维码获取配套资源：

课件二维码　　　　　视频二维码　　　　　素材二维码

目 录

Adobe Illustrator CC 课堂实录

第 3 章

编辑矢量图形详解

Adobe Illustrator CC 课堂实录

第 6 章

文字应用详解

目
录

Adobe Illustrator CC 课堂实录

CONTENTS

目录

第 10 章
制作校园手抄报

第 11 章
制作节日宣传海报

第 12 章
制作礼品户外广告

第 1 章

Illustrator 绘图入门必备

内容导读

　　Illustrator 软件是一款功能强大的矢量绘图软件，广泛应用在平面设计领域。本章将针对 Illustrator 软件的一些基础知识及相关知识进行介绍，包括 Illustrator 软件的一些基础操作以及一些设计相关知识。

学习目标

>> 了解 Illustrator 软件；

>> 学会 Illustrator 软件的基础操作；

>> 了解 Illustrator 软件的协同软件；

>> 了解 Illustrator 软件的相关知识。

色彩是平面设计中非常重要的元素，是最有表现力的要素之一。本小节将针对色彩搭配的一些知识进行介绍。

■ 1.1.1 色彩的属性

色彩由色相、明度、纯度三种元素构成。本小节将针对这三种元素进行讲解。

1. 色相

色相即各类色彩的相貌称谓，是区分色彩的主要依据，是有彩色的最大特征。黑白灰以外的颜色都有色相的属性，如图 1-1 所示为色相环。

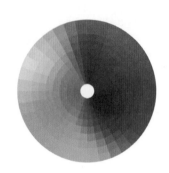

图 1-1

2. 明度

色彩的明暗差别即为明度。色彩的明度有两种情况：一是同一色相不同明度，如粉红、大红、深红，都是红，但一种比一种深。二是各种颜色的不同明度，每一种纯色都有与其相应的明度，其中，白色明度最高，黑色明度最低，红、灰、绿、蓝色为中间明度。

色彩从白到黑靠近亮端的称为高调，靠近暗端的称为低调，中间部分为中调。其中，低调具有沉静、厚重、迟钝、沉闷的感觉；中调具有柔和、甜美、稳定、舒适的感觉；高调具有优雅、明亮、轻松、寒冷的感觉，如图 1-2 所示为明度尺。

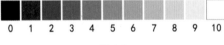

图 1-2

> **知识点拨**
>
> 明度反差大的配色称为长调，明度反差小的配色称为短调，明度反差适中的配色称为中调。

在明度对比中，运用低调、中调、高调和短调、中调、长调进行色彩的搭配组合，构成九组明度基调的配色组合，称为"明度九调构成"，分别为：高长调、高中调、高短调、中长调、中中调、中短调、低长调、低中调、低短调。

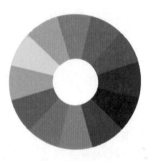

图 1-3

3. 纯度

纯度通常是指色彩的鲜艳度，即各色彩中包含的单种标准色成分的多少。纯度最高的色彩就是原色，随着纯度的降低，色彩就会变得暗、淡。纯度降到最低就变为无彩色，即变为黑色、白色和灰色。

不同色相所能达到的纯度是不同的，其中红色纯度最高，绿色纯度相对低些，其余色相居中，如图 1-3 和图 1-4 所示为纯度色标。

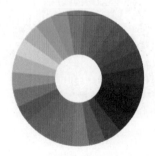

图 1-4

■ 1.1.2　基础配色知识

下面将针对原色、互补色、邻近色等一些基础配色知识进行介绍，了解这些基础配色知识，有助于色彩的搭配。

1. 原色

原色是指不能通过其他颜色的混合调配而得出的基本色，颜料的三原色是红、黄、蓝，如图1-5所示。原色是色环中所有颜色的"父母"，三原色平均分布在色相环中。

2. 暖色和冷色

根据心理感受，可以把颜色分为暖色调（红、橙、黄）、冷色调（蓝、绿、紫）和中性色调（黑、白、灰）。暖色调给人温暖、热情的感觉，如图1-6所示；冷色调给人凉爽、通透的感觉，如图1-7所示。成分复杂的颜色要根据具体组成和外观来决定。

图1-5

图1-6

图1-7

3. 邻近色

邻近色色相彼此近似，色相环中相距60°，如图1-8所示。冷暖性质一致，色调统一和谐、感情特性一致，如图1-9所示。

图1-8

图1-9

4. 互补色

在色相环中呈180°角的两种颜色为互补色，如图1-10所示。补色并列时，会引起强烈对比的色觉，如图1-11所示。

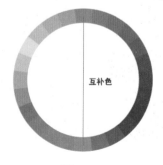

图1-10

图1-11

1.2 平面设计协同软件

在平面设计工作中，用户可以综合利用如 Illustrator、Photoshop、CorelDRAW、InDesign 等多款软件的优势，加以巧妙结合，设计制作出更完美的平面设计作品。

1. Illustrator

Illustrator 是 Adobe 公司推出的专业矢量绘图软件，该软件最大的特征在于钢笔工具的使用，操作简单且功能强大。它集成文字处理、上色等功能，不仅在插图制作，在印刷制品（如广告传单、小册子）设计制作方面也广泛使用。如图 1-12 所示为使用 Illustrator 软件绘制的手抄报。

图 1-12

2. Photoshop

Photoshop 软件是 Adobe 公司旗下非常强大的一款图像处理软件，主要处理由像素组成的数字图像，在平面设计、网页设计、三维设计、字体设计、影视后期处理等领域应用广泛，深受广大设计人员及设计爱好者的喜爱。

从功能上看，该软件可分为图像编辑、图像调色、特效制作、图像合成等。如图 1-13 和图 1-14 所示为使用 Photoshop 软件调整图像前后效果。

图 1-13

图 1-14

3. CorelDRAW

CorelDRAW 是加拿大 Corel 公司出品的矢量绘图软件。该软件集矢量图形设计、文字编辑处理、印刷排版、图形输出为一体，易上手，深受广大平面设计师的喜爱。如图 1-15 所示为使用 CorelDRAW 软件绘制的抽纸包装。

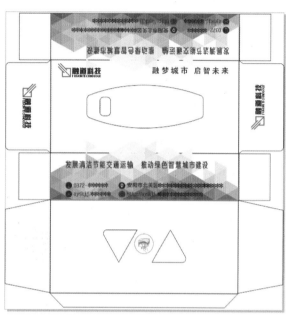

图 1-15

4. InDesign

InDesign 是 Adobe 公司推出的一款专业排版设计软件。通过该软件，用户可以完美控制设计和印刷中的各个像素，辅助平面设计作品的创意和排版制作。如图 1-16 所示为使用 InDesign 软件排版的旅游杂志内页。

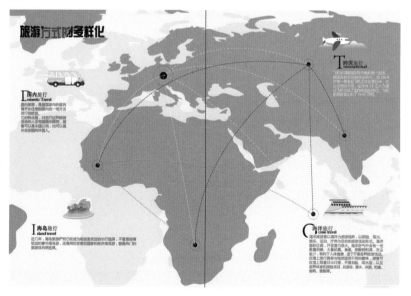

图 1-16

1.3 认识 Illustrator CC

在正式学习 Illustrator CC 软件前，我们首先了解一下 Illustrator 软件的基本信息。本小节将针对 Illustrator 软件的界面、应用领域等进行介绍。

1.3.1 熟悉 Illustrator CC 工作界面

Illustrator CC 的工作界面主要由菜单栏、控制栏、工具箱、面板、文档标题栏等部分组成，如图 1-17 所示。

图 1-17

下面针对常用的组成部分进行介绍。

◎ 菜单栏：包括文件、编辑、对象、文字等九个主菜单，每个菜单又包括多个子菜单，通过执行这些命令即可完成各种操作。

◎ 控制栏：用于显示一些常用的图形设置选项，选择不同的工具时，控制栏中的选项也不同。

◎ 工具箱：包括 Illustrator 软件中的所有工具。

◎ 面板：用于配合绘图、设置参数等。

◎ 文档标题栏：显示打开文档的相关信息及画板内容。

■ 实例：调整工作界面颜色

下面，将介绍调整工作界面颜色的方法，具体操作步骤如下。

Step01 打开 Illustrator 软件，执行"文件"|"打开"命令，打开本章素材文件"调整 .ai"，如图 1-18 所示。

Step02 执行"编辑"｜"首选项"｜"用户界面"命令，打开"首选项"对话框，如图 1-19 所示。

 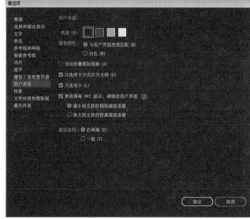

图 1-18　　　　　　　　　　　　　　　图 1-19

Step03 在打开的"首选项"对话框中单击"浅色" □ 按钮，此时界面亮度变为浅色，如图 1-20 所示。

Step04 完成后单击"确定"按钮，即可调整界面亮度，如图 1-21 所示。

图 1-20　　　　　　　　　　　　　　　图 1-21

至此，完成工作界面颜色的调整。

■ 1.3.2　Illustrator CC 的应用领域

Illustrator CC 软件广泛应用于印刷出版、海报书籍排版、专业插画、多媒体图像处理和互联网页面的制作等领域，也可以为线稿提供较高的精度和控制，适合生产任何小型设计到大型的复杂项目。

1.4　图像文档的设置和查看

本小节主要讲解 Illustrator 软件中图像文档的设置与查看，包括如何创建与编辑画板、如何调整文档显示比例、如何设置文档的显示方式等。

■ 1.4.1 创建与编辑画板

画板是指界面中的白色区域，一个文档中可以创建多个画板。用户可以使用"画板工具" 对画板进行修改。

■ 实例：绘制新画板

下面将利用画板工具来绘制新画板。

Step01 打开本章素材文件"画板 .ai"，如图 1-22 所示。单击工具箱中的"画板工具" ▣或者按 Shift+O 组合键，此时画板的边缘变为画板的定界框，拖动定界框的控制点可以更改画板的大小，如图 1-23 所示。

图 1-22

图 1-23

Step02 将光标移动到画板中，光标变为 ✛ 形状时，按住鼠标左键拖动即可移动画板的位置，如图 1-24 所示。

Step03 选择"画板工具" ▣，在合适位置按住鼠标左键拖动绘制矩形，即可创建新画板，如图 1-25 所示。至此，完成新画板的绘制。

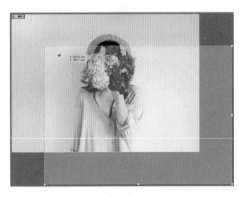

图 1-24

图 1-25

在使用"画板工具" ▣的状态下，单击控制栏中的"新建画板" ▣按钮，屏幕上会按照默认顺序自动生成和原画板相同大小的新画板。

若想复制画板，选中"画板工具" ▣，单击控制栏中的"移动复制带画板的图稿" ▣按钮，然后按住 Alt 键的同时单击拖动到适当位置释放鼠标，即可同时复制画板和内容。

若需删除画板，选中要删除的画板，单击控制栏中的"删除" 🗑 按钮或按 Delete 键即可。

1.4.2 调整文档显示比例

在使用Illustrator软件绘图的过程中，为方便用户观察整体与局部效果，提供了"缩放工具" 🔍 和"抓手工具" 👋 两个便利的视图浏览工具。

单击工具箱中的"缩放工具" 🔍 按钮，在绘图界面中单击即可放大图像，按住 Alt 键的同时单击可缩小图像。

> **知识点拨**
>
> 使用"缩放工具" 🔍 在需要放大或缩小的区域拖动时，按住鼠标左键不动可以放大图像显示比例，向左拖动鼠标会缩小图像显示比例，向右拖动鼠标会放大图像显示比例。
>
> 按住 Ctrl 键，同时按住 + 键可以放大图像显示比例，同时按住 - 键则可以缩小图像显示比例；按住 Ctrl+0 组合键，图像会自动调整为适应屏幕的最大显示比例。

当图像放大到屏幕不能完整显示时，可以使用"抓手工具" 👋 在绘图区中拖动以便于浏览。

> **知识点拨**
>
> 在 Illustrator 界面中，使用其他工具时，按住空格键，可快速切换到"抓手工具" 👋 状态；松开空格键，会自动切换回之前使用的工具。

1.4.3 设置文档的显示方式

当 Illustrator 软件中打开过多文档时，用户可以根据需要选择适合的文档排列方式。执行"窗口" | "排列"命令，在打开的菜单中选择一个合适的排列方式，如图 1-26 所示。

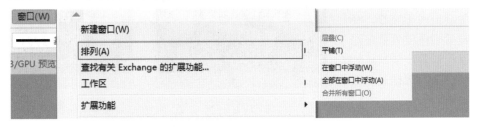

图 1-26

下面针对常用的排列命令进行介绍。

- ◎ 层叠："层叠"方式排列是将所有打开的文档从屏幕的左上角到右下角以堆叠和层叠的方式显示，如图 1-27 所示。
- ◎ 平铺：当选择"平铺"方式进行排列时，窗口会自动调整大小，并以平铺的方式填满可用的空间，如图 1-28 所示。
- ◎ 在窗口中浮动：当选择"在窗口中浮动"方式排列时，图像可以自由浮动，并且可以任意拖曳标题栏来移动窗口，如图 1-29 所示。

图 1-27　　　　　　　　　　　图 1- 28　　　　　　　　　　　图 1-29

■ 1.4.4　调用辅助工具

辅助工具可以帮助用户更方便地操作软件。Illustrator 软件中提供了标尺、参考线、网格等多种辅助工具，通过使用这些辅助工具，用户可以更好地使用软件。下面针对 Illustrator 软件中的辅助工具进行介绍。

1. 标尺

"标尺"工具可以度量或定位绘图界面中的对象，从而使图稿的绘制更加精准。

执行"视图"｜"标尺"｜"显示标尺"命令，或按 Ctrl+R 组合键，在窗口的顶部和左侧即会出现标尺；如果需要隐藏标尺，可以执行"视图"｜"标尺"｜"隐藏标尺"命令或再次按 Ctrl+R 组合键即可，如图 1-30 所示。在标尺上方单击鼠标右键，在弹出的快捷菜单中可以设置标尺的单位，如图 1-31 所示。

标尺上显示"0"的位置为标尺原点。默认标尺原点位于窗口的左上角。将鼠标光标放置原点上，按住鼠标左键拖动，绘图界面中会出现十字线，释放鼠标左键后，释放处就是原点的新位置。若要恢复默认标尺原点，双击左上角标尺相交处即可。

图 1-30　　　　　　　　　　　图 1-31

2. 参考线

"参考线"可以帮助用户精准地对齐对象。参考线依附于标尺存在，移动鼠标至标尺上方，按住鼠标左键向绘图界面中拖动，此时会出现一条灰色的虚线，如图 1-32 所示。拖动至合适位置后释放鼠标即可建立一条参考线，默认情况下参考线为青色，如图 1-33 所示。

图 1-32　　　　　　　　　　　图 1-33

下面对参考线的一些操作进行介绍。

◎ 锁定参考线：执行"视图"｜"参考线"｜"锁定参考线"命令，即可将当前窗口中的参考线锁定，以避免用户误操作移动参考线的位置；执行"视图"｜"参考线"｜"解锁参考线"命令，可将锁定的参考线解锁。

◎ 隐藏参考线：执行"视图"｜"参考线"｜"隐藏参考线"命令，可将参考线暂时隐藏；执行"视图"｜"参考线"｜"显示参考线"命令可以将隐藏的参考线重新显示出来。

◎ 删除参考线：执行"视图"｜"参考线"｜"清除参考线"命令，可以删除所有参考线。如需删除某条指定的参考线，可以使用"选择工具"选中该参考线后，按 Delete 键删除。

知识点拨

在创建移动参考线时，按住 Shift 键可以使参考线与标尺刻度对齐。

3. 智能参考线

智能参考线可以帮助用户对齐特定对象。执行"视图"｜"智能参考线"命令，或直接按 Ctrl+U 组合键，可以打开或关闭智能参考线。

开启智能参考线后，选中对象在进行绘制、移动、缩放等情况下会自动出现洋红色的智能参考线，帮助用户对齐，如图 1-34 所示。

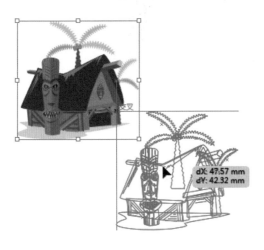

图 1-34

ACAA课堂笔记

4. 网格

"网格"也是一种辅助工具，用户可以借助网格更加精准地确定绘制图像的位置，同其他辅助工具一样，网格也不可以打印输出。

执行"视图"｜"显示网格"命令，或按 Ctrl +"组合键，可以显示网格。若需要隐藏网格，执行"视图"｜"隐藏网格"命令，或按 Ctrl +"组合键即可。

执行"视图"｜"对齐网格"命令，或按 Shift+Ctrl +"组合键，在移动对象时将自动对齐网格，如图 1-35 所示。

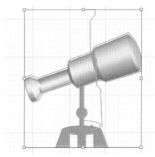

图 1-35

1.5 图像相关知识

图像是平面设计中非常重要的元素，本小节将通过介绍像素和分辨率、矢量图和位图、图像色彩模式以及常见的图像格式，对图像进行讲解，以帮助读者了解图像相关知识。

■ 1.5.1 像素和分辨率

在计算机图像中，像素和分辨率控制了图像的尺寸和清晰度。下面将对像素和分辨率的相关知识进行介绍。

1. 像素

像素是组成位图图像的最基本单元。一个图像通常由许多排成横行或纵列的像素组成，其中每个像素都是方形的，放大位图图像时，即可以看到像素，如图 1-36 和图 1-37 所示。构成一张图像的像素点越多，色彩信息越丰富，效果就越好，文件所占空间也越大。

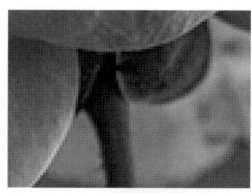

图 1-36   图 1-37

2. 分辨率

一般情况下，分辨率分为图像分辨率、屏幕分辨率以及打印分辨率三种。

图像分辨率是指单位长度内所含像素点的数量，单位是"像素每英寸"（ppi）；屏幕分辨率是指显示器上每单位长度显示的像素或点的数量，单位是"点/英寸"（dpi）；打印分辨率是指激光打印机（包括照排机）等输出设备产生的每英寸油墨点数（dpi）。

图像的分辨率可以改变图像的精细程度，直接影响图像的清晰度，即图像的分辨率越高，图像的清晰度也就越高，图像占用的存储空间也越大。

■ 1.5.2 矢量图和位图

矢量图和位图是计算机绘图的两大类型。其中，Illustrator CC 软件常用于处理矢量图。下面将针对矢量图与位图的相关知识进行介绍。

1. 矢量图

矢量图像又称为面向对象的图像或绘图图像，是用数学方式描述的曲线及曲线围成的色块制作的图形，它们在计算机内部中是表示成一系列的数值而不是像素点，这些值决定了图形如何在屏幕上显示。由于这种保存图形信息的方式与分辨率无关，因此无论放大或缩小，都具有同样平滑的边缘及一样的视觉细节和清晰度，如图 1-38 和图 1-39 所示。

图 1-38   图 1-39

矢量图形文件所占的磁盘空间比较少，常被应用在标志设计、插图设计以及字体设计等专业设计领域。但矢量图的色彩较之位图相对单调，无法像位图般真实地表现自然界的颜色变化。

2. 位图

位图图像也称为点阵图像或栅格图像，是由像素的单个点组成的。与矢量图形相比，位图图像可以精确地记录图像色彩的细微层次，弥补矢量图的缺陷，但放大后图像会模糊，如图 1-40 和图 1-41 所示。

图 1-40   图 1-41

与矢量图相比，位图图像文件较大，在缩放或旋转时会产生图像的失真现象，对内存和硬盘空间容量的需求也较高。

ACAA课堂笔记

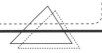

■ 1.5.3 图像色彩模式

色彩模式是指同一属性下的不同颜色的集合。常见的色彩模式包括 RGB 模式、CMYK 模式、Lab 模式、索引模式、HSB 模式、位图模式、灰度模式等。下面将针对部分常用的色彩模式进行介绍。

1.RGB 模式

RGB 模式是图像处理中最常见的模式，应用也较为广泛。由于 RGB 颜色合成可以产生白色，所以也被称为"加色模式"。这种颜色模式是屏幕显示的最佳模式，一般用于光照、视频和显示器。

2.CMYK 模式

CMYK 模式是一种减色模式，常用于印刷领域。该模式以打印在纸上的油墨的光线吸收特性为基础。

3.Lab 模式

Lab 颜色由亮度分量和两个色度分量组成，该模式是目前包括颜色数量最广的模式，独立于设备存在。其中，L 代表光亮度分量，范围为 0~100；a 分量表示从绿色到红色的光谱变化；b 分量表示从蓝色到黄色的光谱变化。

4. 索引模式

索引模式是网上和动画中常用的图像模式。

5.HSB 模式

HSB 颜色模式是基于人类对颜色的心理感受而开发的一种颜色模式。其中，H 代表色相，S 代表饱和度，B 代表亮度。

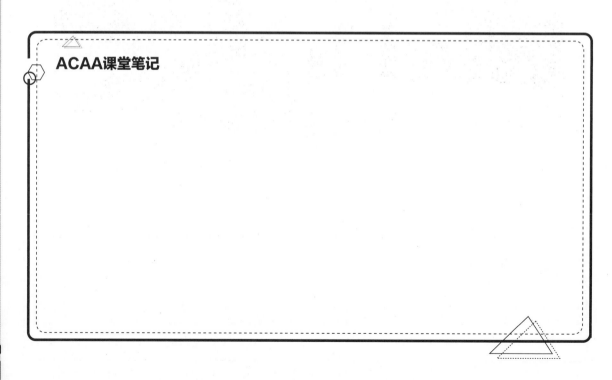

ACAA课堂笔记

6. 位图模式

位图模式使用黑白两种颜色表示图像中的像素。若需要将 RGB 模式转换为位图模式，需要先将其转换为灰度模式，再由灰度模式转换为位图模式。

7. 灰度模式

灰度模式使用 256 级灰度表现图像，使图像的过渡更平滑细腻。灰度模式的应用十分广泛，在成本相对低廉的黑白印刷中，许多图像都采用了灰度模式。

■ 1.5.4 常见图像文件格式

图像有多种文件格式，下面将针对平面设计中一些常见的文件格式进行介绍。

1.BMP 格式

BMP 格式是 Windows 操作系统中的标准图像文件格式，能够被多种 Windows 应用程序所支持，英文全称为 Bitmap（位图）。该格式包含丰富的图像信息，几乎不进行压缩，但占用磁盘空间过大，在单机上比较流行。

2.JPEG 格式

JPEG 格式是一种常见的图像格式，文件扩展名为 .jpg 或 .jpeg。该格式是所有格式中压缩率最高的格式，它用有损压缩的方式对图像进行压缩，可以用最少的磁盘空间得到较好的图像质量。

3.PNG 格式

PNG 即轻便网络图形，该格式兼具 GIF 和 JPG 两者的优点，是目前保证最不失真的格式。由于不是所有的浏览器都支持 PNG 格式，故该格式没有 GIF 格式和 JPEG 格式使用广泛。

4.PSD 和 PDD 格式

PSD 和 PDD 格式都是 Photoshop 软件自身的专用文件格式，能够保存图像数据的细节部分，便于后期修改。其中，PSD 文件格式是唯一能够支持全部图像色彩模式的格式。

5.SVG 格式

SVG 意为可缩放的矢量图形，严格地说是一种开放标准的矢量图形语言，用户可以通过 SVG 格式设计高分辨率的 Web 图形页面。与 PNG 格式和 JPEG 格式相比，SVG 格式可以任意放大图形而无损图像质量；可在 SVG 图像中保留可编辑和可搜寻的状态；且 SVG 文件要比 JPEG 和 PNG 格式的文件小很多，因此下载速度也更快。

6.AI 格式

AI 格式是一种矢量图形文件格式，是 Illustrator 软件专用的格式。该格式基于矢量输出，在任何尺寸大小下均可按最高分辨率输出。

7.TIFF 格式

TIFF 格式即标签图像文件格式，是一种应用非常广泛的无损压缩图像文件格式，其支持多种色彩系统，且独立于操作系统。该格式便于在应用程序和计算机平台之间进行数据交换。

课堂实战：制作劳动节宣传图

下面对劳动节宣传图的制作方法进行介绍，具体操作步骤如下。

Step01 打开 Illustrator 软件，执行"文件"|"新建"命令，或按 Ctrl+N 组合键，在打开的"新建文档"对话框中设置参数，然后单击"创建"按钮，新建文档，如图 1-42 所示。

Step02 执行"文件"|"置入"命令，在打开的"置入"对话框中选择本章素材"底色.png"，单击"置入"按钮，置入素材对象，如图 1-43 所示。

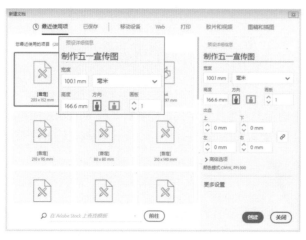

图 1-42

图 1-43

Step03 使用相同的方法，置入素材对象"纹理.png"，如图 1-44 所示。

Step04 依次置入本章其他人物、文字等素材，效果如图 1-45 所示。

图 1-44

图 1-45

至此，完成劳动节宣传图的制作。

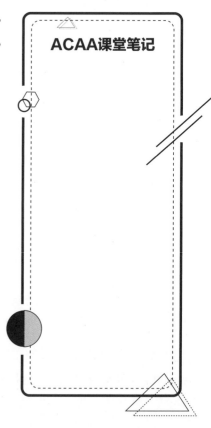

ACAA课堂笔记

Adobe Illustrator CC 课堂实录

课后作业

一、填空题

1. 当图像放大到屏幕不能完整显示时，使用_____可以拖动平移图像显示区域。
2. 在 Illustrator 软件中使用其他工具时，按住_____可快速切换到抓手工具状态。
3. 按_____组合键可以快速显示或隐藏标尺。
4. 按_____组合键可以快速切换至画板工具。
5. 按_____组合键，可以打开"新建文档"对话框，新建文档。

二、选择题

1. 下列有关 SVG 格式描述不正确的是（　　）。
A. SVG 被开发的目的是为 Web 提供非光栅化的图形标准
B. SVG 可以任意放大图形显示，但不会损失锐利度、清晰度以及细节
C. SVG 格式的文件大小相对于 JPEG 要大许多
D. SVG 具有超级颜色控制

2. 下列关于 Illustrator 导入分层的 Photoshop 文件的说法不正确的是（　　）。
A. 可以分层导入
B. 可以将图层合并后导入
C. 不可以继续保持文本的可编辑性
D. 可以继续保持文本的外观

3. Adobe Illustrator 和 Photoshop 之间可互相交流，但两个软件有本质的不同，下列叙述正确的是（　　）。
A. Illustrator 是以处理矢量图形为主的图形绘制软件，而 Photoshop 是以处理像素图为主的图像处理软件
B. Illustrator 可存储为 EPS 格式，而 Photoshop 不可以
C. Illustrator 可打开 PDF 格式的文件，而 Photoshop 不可以
D. Illustrator 也可以对图形进行像素化处理，但同样的文件均存储为 EPS 格式后，Photoshop 存储的文件要大很多，原因是它们描述信息的方式不同

4. 下列哪种色彩模式定义的颜色可用于印刷？（　　）
A. RGB 模式　　　　　　　B. HSB 模式　　　　　　　C. Lab 模式　　　　　　　D. CMYK 模式

5. 下列关于链接或嵌入文件的描述正确的是（　　）。
A. 嵌入图片会使得文件尺寸变大
B. 只能在导入文件时选择链接或嵌入文件，一旦导入便无法更改
C. 链接图片会使得文件尺寸变大
D. Illustrator 文件中链接的文件一旦被更改或删除，则此文件亦被损坏，无法打开

三、操作题

1. 设计信纸样式

（1）设计效果如图 1-46 所示。
（2）操作思路。
◎ 新建文档；
◎ 置入素材文件；

◎ 调整素材至合适大小与位置。

图 1-46

2. 替换照片

（1）图像处理前后效果对比如图 1-47 和图 1-48 所示。

图 1-47

图 1-48

（2）操作思路。

◎ 打开本章素材文件；

◎ 置入素材对象，裁剪合适大小并调整位置。

第<2>章 ————————

绘图操作详解

内容导读

本章主要针对 Illustrator 软件中的绘图操作来讲解。Illustrator 软件中包括很多绘制矢量图的工具，如图形绘制工具、钢笔工具、画笔工具、铅笔工具等，其中钢笔工具和画笔工具可以自由地绘制不规则图形。

学习目标

» 学会绘制简单的规则图形；

» 学会选择对象；

» 学会绘制复杂的矢量图形；

» 简单地分割与组合图形。

2.1 Illustrator CC 基础操作

使用 Illustrator 软件设计作品，首先需要对 Illustrator 软件的一些基本操作有所了解，才能更好地去绘制、保存、输出作品。本小节将对如何新建、打开、置入、存储文件进行介绍。

■ 2.1.1 新建文件

执行"文件"|"新建"命令，或按 Ctrl+N 组合键，或直接在主页中单击"新建"按钮，打开"新建文档"对话框，如图 2-1 所示。在该对话框中可以设置新建文件的大小、画板数量、出血等参数。

图 2-1

在"新建文档"对话框中，一些常用设置介绍如下。

◎ 文档预设：用于选择合适的文档预设新建文档。
◎ 宽度和高度：用于自定义文档尺寸。
◎ 画板：用于设置文档中的画板数。
◎ 出血：图稿落在印刷边框打印定界框上或位于裁切标记和裁切标记外的部分。
◎ 颜色模式：指定新文档的颜色模式，CMYK 模式适用于打印的文档，RGB 模式适用于数字化浏览。
◎ 栅格效果：设置文档中栅格效果的分辨率。准备以较高分辨率输出到高端打印机时，需要将此选项设置为"高"。
◎ 预览模式：为文档设置默认预览模式。

若要创建一系列具有相同外观属性的对象，可以通过"从模板新建"命令来新建文档。执行"文件"|"从模板新建"命令，或按 Ctrl+Shift +N 组合键，也可以直接在"更多设置"中单击"模板"按钮，打开"从模板新建"对话框，选择新建文档的模板，单击"确定"按钮即可。

■ 2.1.2 打开文件

执行"文件"|"打开"命令，或按 Ctrl+O 组合键，在弹出的"打开"对话框中选中要打开的文件，

然后单击"打开"按钮，如图 2-2 所示，即可在 Illustrator 软件中打开已经存在的文档，如图 2-3 所示。

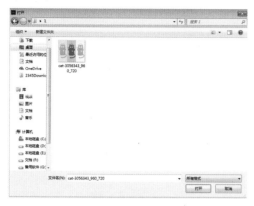

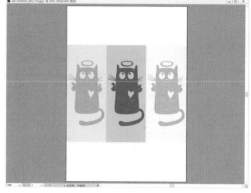

图 2-2   图 2-3

2.1.3 置入文件

Illustrator 软件中也可以进行简单的位图操作。

执行"文件"｜"置入"命令，打开"置入"对话框，如图 2-4 所示。选中需要置入的文件，单击"置入"按钮，此时鼠标光标在 Illustrator 界面中变为形状，单击鼠标左键将文件置入，也可按住鼠标左键拖曳控制置入文件大小，释放鼠标左键完成置入，如图 2-5 所示。

图 2-4   图 2-5

在置入素材文件时，勾选"置入"对话框中的"链接"复选框，可以置入链接的素材文件。以"链接"形式置入是指置入的内容本身不在 Illustrator 文件中，只是通过链接在 Illustrator 文件中显示，修改原文件后，Illustrator 软件中也会提示更新图片。

若未勾选"链接"复选框，可以嵌入素材对象。"嵌入"是指将图片包含在文件中，就是和这个文件的全部内容存储到一起，作为一个完整的文件，因此，嵌入图片过多时，文件大小也会随之增加。

> **知识点拨**
>
> 置入链接素材后，单击控制栏中的"嵌入"按钮，就可将链接的对象嵌入到文档内；若想要将嵌入对象更改为链接模式，可以先选中嵌入对象，然后单击控制栏中的"取消嵌入"按钮，接着在弹出的"取消嵌入"对话框中选择一个合适的存储位置及文件保存类型，嵌入的素材就会重新变为链接状态。

■ 实例：修改图片尺寸

下面介绍修改图片尺寸的方法，具体操作步骤如下。

Step01 打开 Illustrator 软件，执行"文件"｜"新建"命令，在打开的"新建文档"对话框中设置参数，然后单击"创建"按钮，新建文档，如图 2-6 所示。

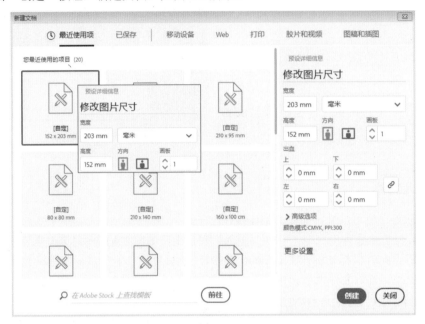

图 2-6

Step02 执行"文件"｜"置入"命令，在打开的"置入"对话框中选择本章素材"照片 .jpg"，单击"置入"按钮，置入素材对象，如图 2-7 所示。

Step03 选中置入的素材对象，单击控制栏中的"裁剪图像"按钮，然后在控制栏中设置合适的尺寸，调整裁剪框大小，如图 2-8 所示。

Step04 完成后单击控制栏中的"应用"按钮裁剪图片，调整图片位置，效果如图 2-9 所示。

图 2-7

图 2-8

图 2-9

Step05 执行"文件"|"导出"|"导出为"命令，打开"导出"对话框，在对话框中设置图像的储存位置、格式等，如图 2-10 所示。完成后单击"导出"按钮，打开"JPEG 选项"对话框，并设置参数，如图 2-11 所示。完成后单击"确定"按钮即可。

图 2-10

图 2-11

至此，完成修改图片尺寸的操作。

2.1.4 存储文件

文件创建完成后，就可以进行存储。执行"文件"|"存储"命令即可存储文件。也可以执行"文件"|"存储为"命令，对存储的位置、文件的名称、存储的类型等重新进行设置。在首次对文件执行"存储"以及执行"存储为"命令时，将会弹出"存储为"对话框。

在弹出的"存储为"对话框中，对"文件名"选项进行设置，然后在"保存类型"下拉列表中选择一个文件格式，设置合适的路径、名称、格式，完成后单击"保存"按钮，如图 2-12 所示。弹出"Illustrator 选项"对话框，如图 2-13 所示。在此对话框中可以对文件存储的版本、选项、透明度等参数进行设置。设置完毕后单击"确定"按钮，完成文件存储操作。

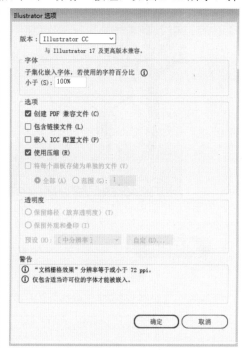

图 2-12

图 2-13

"Illustrator 选项"对话框中部分选项介绍如下。

◎ 版本：指定希望文件兼容的 Illustrator 版本。需要注意的是旧版格式不支持当前版本 Illustrator 中的所有功能。

◎ 创建 PDF 兼容文件：在 Illustrator 文件中存储文档的 PDF 演示。

◎ 使用压缩：在 Illustrator 文件中压缩 PDF 数据。

◎ 透明度：确定当选择早于 9.0 版本的 Illustrator 格式时，如何处理透明对象。

2.2 线型绘图工具

Illustrator 软件中包括"直线段工具"、"弧形工具"、"螺旋线工具"、"矩形网格工具"和"极坐标网格工具"五种线型绘图工具。鼠标右键单击工具箱中的"直线段工具"按钮，即可打开这五种工具列表，如图 2-14 所示。

下面将针对这五种线型绘图工具进行详细的介绍。

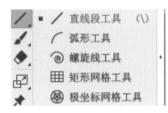

图 2-14

■ 2.2.1 直线段工具

"直线段工具"可以直接绘制任意方向的直线。选择工具箱中的"直线段工具"，在画板中合适位置处单击并按住鼠标左键拖动，拖动至需要的位置处释放鼠标，即可以鼠标单击的位置为起点、释放鼠标的位置为终点绘制直线线段，如图 2-15 所示。

若需要绘制精准的直线，可以选中"直线段工具"，在画板中合适位置单击，弹出"直线段工具选项"对话框，如图 2-16 所示。在该对话框中设置直线段的长度和角度，完成设置后单击"确定"按钮，即可创建精准的线段。

图 2-15

图 2-16

知识点拨

选中"直线段工具"，在画板中按住鼠标左键，同时按住键盘上的 ～ 键沿需要的方向进行拖动，可以快速绘制大量放射状线条。

■ 2.2.2 弧形工具

"弧形工具" 可以绘制任意弧度的弧形。单击工具箱中的"弧形工具" 按钮，按住鼠标左键在画板中拖动即可绘制一条弧线，如图 2-17 所示。

若想绘制精准的弧形，可以选中"弧形工具" ，在画板中合适位置单击，弹出"弧线段工具选项"对话框，如图 2-18 所示。在该对话框中设置弧形的参数，完成后单击"确定"按钮，即可创建精准的弧形。

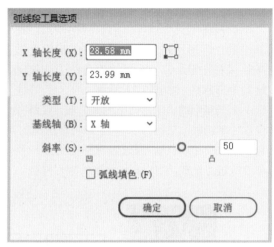

图 2-17   图 2-18

其中，"弧线段工具选项"对话框中部分重要选项作用如下。

◎ 定位器 ：用于设置弧线起始端点在弧线中的位置。
◎ 类型：用于确定绘制的弧线对象是"开放"还是"闭合"。
◎ 基线轴：用于确定绘制的弧线对象基线轴为 X 轴还是为 Y 轴。

> **知识点拨**
>
> 绘制过程中可通过键盘上的↑、↓键调整弧形的弧度。

■ 2.2.3 螺旋线工具

"螺旋线工具" 可以绘制各种螺旋形状的线条。选中工具箱中的"螺旋线工具" ，按住鼠标左键在画板中拖动即可绘制一段螺旋线，如图 2-19 所示。

若想绘制精准的螺旋线，可以选中"螺旋线工具" ，在画板中合适位置处单击，在弹出的"螺旋线"对话框中，设置要绘制的螺旋线的半径、衰减等参数，如图 2-20所示。完成后单击"确定"按钮即可。

图 2-19   图 2-20

其中，"螺旋线"对话框中各选项作用如下。

◎ 半径：用于设置螺旋线的半径，指定螺旋线的中心点到螺旋线终点之间的距离。

◎ 衰减：用于设置螺旋线内部线条之间的螺旋线圈数。

◎ 段数：用于设置螺旋线的螺旋段数。数值越大螺旋线越长，反之越短。

◎ 样式：用于设置绘制螺旋线的方向，包括顺时针和逆时针两种。

■ 2.2.4 矩形网格工具

"矩形网格工具"⊞可以绘制网格矩形。选中工具箱中的"矩形网格工具"⊞，在画板中合适位置处按住鼠标左键，沿矩形网格对角线方向拖动，即可绘制矩形网格，如图 2-21 所示。

选中工具箱中的"矩形网格工具"⊞，在画板中合适位置处单击鼠标左键，打开"矩形网格工具选项"对话框，如图 2-22 所示。通过该对话框对矩形网格的各项参数进行设置，可以制作精确的矩形网格。

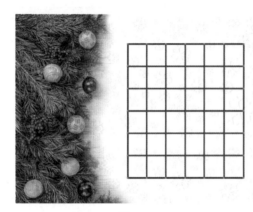

图 2-21

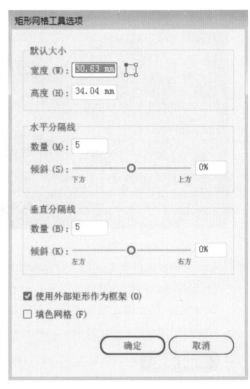

图 2-22

其中，"矩形网格工具选项"对话框中部分常用选项作用如下。

◎ 宽度：用于设置矩形网格的宽度。

◎ 高度：用于设置矩形网格的高度。

◎ 定位器⊡：用于定义矩形网格起始角点位置。

◎ 水平分隔线："数量"可以设置矩形网格中水平网格线即行数的数量；"下、上方倾斜"选项可以设置水平网格的倾向。

◎ 垂直分隔线："数量"可以设置矩形网格中垂直网格线即列数的数量；"左、右方倾斜"选项可以设置垂直网格的倾向。

ACAA课堂笔记

■ 2.2.5 极坐标网格工具

"极坐标网格工具"◉可以绘制由多个同心圆和放射线段组成的极坐标网格。选中工具箱中的"极坐标网格工具"◉，按住鼠标左键在画板中拖动即可绘制极坐标网格，如图 2-23 所示。

选中工具箱中的"极坐标网格工具"◉，在画板中合适位置处单击鼠标左键，打开"极坐标网格工具选项"对话框，如图 2-24 所示。通过该对话框对极坐标网格的相关参数进行设置，可以制作精确的极坐标网格。

图 2-23

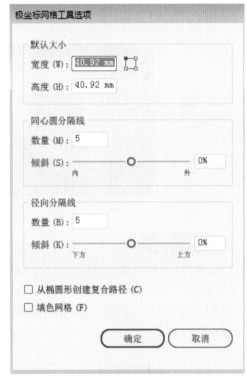

图 2-24

其中，"极坐标网格工具选项"对话框中部分常用选项作用如下。

◎ 宽度：用于设置极坐标网格的宽度。

◎ 高度：用于设置极坐标网格的高度。

◎ 定位器▢：用于定义极坐标网格起始角点位置。

◎ 同心圆分隔线："数量"为极坐标网格图形中同心圆的数量；"倾斜"值决定同心圆分隔线倾向。

◎ 径向分隔线："数量"为极坐标网格图形中射线的数量；"倾斜"值决定径向分隔线倾向。

◎ 从椭圆形创建复合路径：勾选该复选框时，将同心圆转换为独立复合路径并每隔一个圆填色。

2.3 图形绘制工具

在 Illustrator 软件中，若想绘制简单的几何图形，可以使用图形绘制工具。

Illustrator 软件中包括"矩形工具"▢、"圆角矩形工具"▢、"椭圆工具"◎、"多边形工具"◎、"星形工具"☆和"光晕工具"◎六种图形绘制工具。鼠标右键单击工具箱中的"矩形工具"▢按钮，即可打开这六种工具列表，如图 2-25 所示。

下面将针对这六种图形绘制工具进行详细的介绍。

图 2-25

■ 2.3.1　矩形工具

　　"矩形工具"■可以绘制矩形和正方形。选中工具箱中的"矩形工具"■，在画板中合适位置处按住鼠标左键拖动即可绘制矩形，如图2-26所示。

　　若想绘制精确的矩形，可以在选中"矩形工具"■的情况下，在画板中合适位置处单击，打开"矩形"对话框，如图2-27所示。在该对话框中可设置要绘制的矩形的参数，从而创建精确的矩形。

 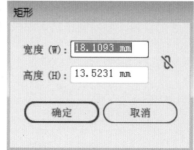

图 2-26　　　　　　　　　　　　　　　　图 2-27

> **知识点拨**
>
> 　　使用"矩形工具"■时，按住Shift键进行拖动可绘制正方形；按住Shift+Alt组合键进行拖动，可绘制以鼠标落点为中心的正方形；创建出的矩形选中后四角及内部均有一个控制点◎，按住鼠标左键并拖动该控制点可调整矩形四角的圆角。

■ 2.3.2　圆角矩形工具

　　"圆角矩形工具"■可以绘制圆角矩形和圆角正方形。选中工具箱中的"圆角矩形工具"■，在画板中合适位置处按住鼠标左键拖动即可绘制圆角矩形，如图2-28所示。

　　若想绘制精确的圆角矩形，可以在选中"圆角矩形工具"■的情况下，在画板中合适位置处单击，打开"圆角矩形"对话框，如图2-29所示。在该对话框中可设置要绘制的圆角矩形的参数，从而创建精确的圆角矩形。

 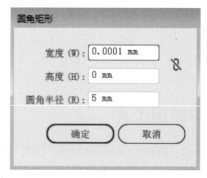

图 2-28　　　　　　　　　　　　　　　　图 2-29

> **知识点拨**
>
> 　　拖动鼠标的同时按↑和↓键可以调整圆角矩形的圆角大小；创建出的圆角矩形选中后四角及内部均有一个控制点◎，按住鼠标左键并拖动该控制点可调整圆角矩形四角的圆角大小。

■ 2.3.3　椭圆工具

"椭圆工具" 可以绘制椭圆和正圆。选中工具箱中的"椭圆工具" ，在画板中合适位置处按住鼠标左键进行拖动即可绘制椭圆，如图 2-30 所示。

若想绘制精确的椭圆，可以在选中"椭圆工具" 的情况下，在画板中合适位置处单击即可打开"椭圆"对话框，如图 2-31 所示。在该对话框中设置要绘制的椭圆的参数，即可创建精确的椭圆。

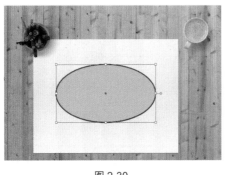
图 2-30

图 2-31

> **知识点拨**
>
> 选中绘制完成的圆形后，会出现一个圆形控制点 ，将光标移动至圆形控制点处，待光标变成 形状后，按住鼠标左键进行拖动，可以将圆形转化成饼图，饼图角度随鼠标释放点而定。

■ 2.3.4　多边形工具

"多边形工具" 可以绘制边数大于等于三的任意边数的多边形。选中工具箱中的"多边形工具" ，在画板中按住鼠标左键进行拖动，即可绘制多边形，如图 2-32 所示。

若想绘制精确的多边形，可以选中工具箱中的"多边形工具" ，在画板中合适位置处单击即可打开"多边形"对话框，在该对话框中对所要绘制的多边形的参数进行设置，如图 2-33 所示。完成后单击"确定"按钮，即可绘制精确的多边形。

图 2-32

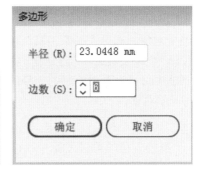
图 2-33

> **知识延伸**
>
> 在绘制多边形的过程中，不释放鼠标的同时，按↑键可以增加多边形边数，反之，按↓键可以减少多边形边数。

■ 2.3.5 星形工具

"星形工具" ☆ 可以绘制角数大于等于三的任意角数的星形。选中工具箱中的"星形工具" ☆，在画板上按住鼠标左键并向外拖动，即可绘制星形，如图 2-34 所示。

若选中"星形工具" ☆，在画板中单击则可打开"星形"对话框，如图 2-35 所示。在该对话框中可以设置要绘制的星形的参数，从而创建精确的星形。

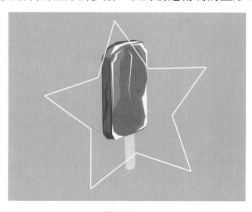

图 2-34   图 2-35

其中，"星形"对话框中各选项作用如下：
◎ 半径 1：从星形中心到星形正上方角点的距离。
◎ 半径 2：从星形中心到星形正上方角点相邻角点的距离。
◎ 角点数：设置绘制星形的角数。

> **知识延伸**
>
> 在绘制星形的过程中，不释放鼠标的同时，按↑键可以增加星形角点，按↓键可以减少星形角点；按住 Ctrl 键可以保持星形半径 2 不变。

■ 2.3.6 光晕工具

"光晕工具" ◉ 可以创建具有明亮的中心、光晕、射线及光环的光晕对象。选中"光晕工具" ◉，在画板中单击即可打开"光晕工具选项"对话框，如图 2-36所示。在该对话框中可以设置要绘制的光晕的参数，创建特定参数的光晕对象。

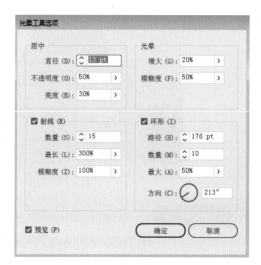

其中，"光晕工具选项"对话框中各选项作用如下：
◎ 居中："直径"选项可以设置中心控制点直径的大小；"不透明度"选项可以设置中心控制点的不透明度；"亮度"选项可以设置中心控制点的亮度比例。

图 2-36

◎ 光晕："增大"选项可以设置光晕围绕中心控制点的辐射程度；"模糊度"选项可以设置光晕在图形中的模糊程度。

◎ 射线："数量"选项可以设置射线的数量；"最长"选项可以设置最长一条射线的长度；"模糊度"选项可以设置射线在图形中的模糊程度。

◎ 环形："路径"选项可以设置光环所在的路径的长度值；"数量"选项可以设置二次单击时产生的光环在图形中的数量；"最大"选项可以设置光环的大小比例；"方向"选项可以设置光环在图形中的旋转角度，还可以通过右边的角度控制按钮调节光环的角度。

■ 实例：为图像绘制光晕效果

下面将利用"光晕工具" ◎ 为图像绘制光晕效果。

Step01 打开本章素材文件"饮料 .ai"。单击工具箱中的"光晕工具" ◎ 按钮，在要创建光晕的大光圈部分的中心位置按住鼠标左键，拖动的长度就是放射光的半径，如图 2-37 所示。

Step02 在画板另一处单击鼠标，用于确定闪光的长度和方向，如图 2-38 所示。

Step03 绘制完成后的效果如图 2-39 所示。

图 2-37

图 2-38

图 2-39

2.4 选择对象

在 Illustrator 软件中，有多种方式帮助用户选择对象，包括使用"选择工具" ▶、"直接选择工具" ▷、"编组选择工具" ▷、"魔棒工具" ✎ 和"套索工具" ◉ 等，下面将针对这些选择工具进行介绍。

■ 2.4.1　选择工具

　　"选择工具" 一般用于选择整个图形、路径或文字。单击工具箱中的"选择工具" 按钮或按 V 键快速切换至"选择工具" ，移动光标至需要选择的对象上，单击鼠标左键即可选择整个对象，如图 2-40 所示。此时可对选中的对象作出移动、旋转、变形等操作。

　　若想同时选中多个对象，可以按住 Shift 键的同时单击需要加选的对象，如图 2-41 所示。

　　　　　　图 2-40　　　　　　　　　　　　　　　　图 2-41

■ 2.4.2　直接选择工具

　　"直接选择工具" 一般用于选择对象内的锚点或路径段。选中工具箱中的"直接选择工具" ，在要选择的路径段或锚点上单击即可选中，如图 2-42 所示。

　　选中路径段或锚点后，可对其进行移动等操作，移动后图形也会随之变换，如图 2-43 和图 2-44 所示。

　　　　图 2-42　　　　　　　　　　图 2-43　　　　　　　　　　图 2-44

> **知识点拨**
>
> 　　若想删除多余的锚点或路径段，选中后按 Delete 键即可。此方法删除锚点或路径段后，路径会在此断开。

■ 2.4.3　编组选择工具

　　"编组选择工具" 可以选中编组内的对象或分组。

■ 实例：选中编组对象

下面将利用"编组选择工具" ▷ 选中遮阳伞伞面编组对象。

Step01 打开本章素材文件"遮阳伞.ai"。选中工具箱中的"编组选择工具" ▷，在编组对象中要选择的对象上单击，选中该对象，如图2-45所示。

Step02 再次单击，则选中对象所在的分组，如图2-46所示。至此，完成选中编组对象的操作。

图 2-45　　　　　　　　　　　　　　图 2-46

■ 2.4.4　魔棒工具

"魔棒工具" ✦ 可以选中当前文档中属性相近的对象。

■ 实例：统一对象填充描边属性

下面将利用"魔棒工具" ✦ 选中不同的对象，以对其填充描边属性进行修改。

Step01 打开本章素材文件"盾牌.ai"。双击工具箱中的"魔棒工具" ✦，打开"魔棒"面板，在该面板中定义使用"魔棒工具"选择对象的依据，如图2-47所示。

Step02 定义后在要选取的对象上单击，文档中与其勾选的属性相近的对象都会被选中，如图2-48所示。

图 2-47　　　　　　　　　　　　　　图 2-48

Step03 在控制栏中调整选中对象的填充描边属性，效果如图2-49所示。

Step04 双击工具箱中的"魔棒工具" ✦，打开"魔棒"面板，在该面板中定义使用"魔棒工具"选择对象的依据，如图2-50所示。

图 2-49　　　　　　　　　　　　　　　　图 2-50

Step05 在要选取的对象上单击，选中与其勾选的属性相近的对象，在控制栏中调整选中对象的填充描边属性，如图 2-51 所示。

Step06 使用相同的方法，选择对象并调整其属性，直至所有对象属性统一，如图 2-52 所示。至此，完成统一对象填充描边属性的操作。

图 2-51　　　　　　　　　　　　　　　　图 2-52

■ 2.4.5　套索工具

"套索工具" 可以选中区域内的图形、锚点、路径等。选中 "套索工具" ，在需要选取的区域内拖动框选要选取的对象，如图 2-53 和图 2-54 所示。

图 2-53　　　　　　　　　　　　　　　　图 2-54

2.5 钢笔工具组

"钢笔工具" ✐是 Illustrator 软件中的核心绘图工具之一，使用该工具可以绘制任意形状的路径，完成大部分矢量图形的绘制。下面将针对该工具组进行介绍。

2.5.1 认识钢笔工具

"钢笔工具" ✐在 Illustrator 软件中应用广泛，如图 2-55 所示为钢笔工具组中的工具，其中，"钢笔工具" ✐可以绘制路径和图形；"添加锚点工具" ✈可以在路径上添加锚点；"删除锚点工具" ✈可以删除路径上的锚点；"锚点工具" ⌐可以转换锚点类型。下面将进行具体介绍。

图 2-55

1. 钢笔工具

Illustrator 软件中的"钢笔工具" ✐可以自由地在画板中绘制路径。选中"钢笔工具" ✐，在画板中单击，即可绘制第一个锚点，在任意处单击绘制第二个锚点，即可绘制出开放路径，如图 2-56和图 2-57 所示。

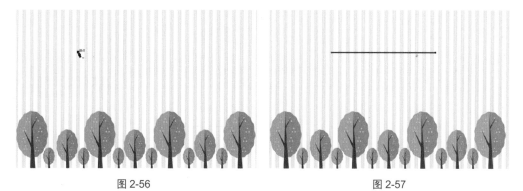

图 2-56   图 2-57

> **知识点拨**
>
> 在使用"钢笔工具" ✐绘制图像的过程中，单击可创建尖角锚点；按住鼠标左键进行拖动可创建平滑锚点。

2. 添加锚点工具

"添加锚点工具" ✈可以在绘制好的路径上单击添加锚点来丰富路径。按 + 键可快速切换到"添加锚点工具" ✈。

3. 删除锚点工具

"删除锚点工具" ✈可以删除路径中的锚点。按 - 键可快速切换到"删除锚点工具" ✈。

> **知识点拨**
>
> 与按 Delete 键删除锚点不同的是，"删除锚点工具" ✈删除锚点后并不会打断路径。

4. 锚点工具

"锚点工具" ⌐ 可以转换锚点类型。选中工具箱中的"锚点工具" ⌐，在画板上单击平滑角点，可将平滑角点转换为尖角点；在尖角点上按住鼠标拖动，则会将尖角点转换为平滑角点。

■ 2.5.2　绘制与调整路径

路径是由锚点与锚点之间的连接线构成的，包括开放路径、闭合路径和复合路径三种。

■ 实例：绘制口袋路径

下面将利用"钢笔工具"针对如何绘制口袋路径进行介绍。

Step01 打开本章素材文件"背景 .ai"。单击工具箱中的"钢笔工具" ✐ 或按 P 键快速切换至"钢笔工具" ✐，在画板中单击，创建第一个锚点，如图 2-58 所示。

Step02 移动鼠标，再次单击创建第二个锚点，此时两个锚点间连接成一个直线段路径，如图 2-59 所示。

Step03 继续移动鼠标，在合适位置处按住鼠标左键拖动，绘制平滑锚点，此时第二个锚点和第三个锚点之间连接成一个带有弧度的曲线段，如图 2-60 所示。

Step04 移动鼠标至第一个锚点处，单击起始锚点即可闭合路径，如图 2-61 所示。至此，完成口袋路径的绘制。

图 2-58

图 2-59

图 2-60

图 2-61

> **知识点拨**
>
> 若要结束一段开放式路径的绘制，可按住 Ctrl 键或 Alt 键并在画板空白处单击，也可切换至工具箱中的其他工具，或者按 Enter 键或 Esc 键结束当前开放路径的绘制。
>
> 若需要将一个锚点分割成两个锚点，可以先选中锚点，然后单击控制栏中的"在所选锚点处剪切路径" ✂ 按钮，即可将所选锚点分割为两个锚点，且两个锚点不相连。

■ 实例：绘制卡通造型

下面练习使用"钢笔工具" ✐绘制卡通造型。

Step01 打开 Illustrator 软件，执行"文件"｜"新建"命令，打开"新建文档"对话框，在该对话框中设置参数，如图 2-62 所示。完成后单击"创建"按钮新建文档。

Step02 使用"矩形工具" ▣在画板中绘制一个与画板等大的矩形，在控制栏中设置填充和描边属性，效果如图 2-63 所示。

图 2-62　　　　　　　　　　　　　　　　　　图 2-63

Step03 单击工具箱中的"钢笔工具" ✐按钮，在控制栏中设置填充和描边属性，移动鼠标至画板中合适位置处，按住鼠标左键进行拖动，绘制第一个锚点，如图 2-64 所示。

Step04 移动鼠标至合适位置处，按住鼠标左键并拖动绘制第二个锚点，如图 2-65 所示。

Step05 使用相同的方法，绘制剩下的锚点至路径闭合，如图 2-66 所示。

Step06 继续使用"钢笔工具" ✐绘制闭合路径，如图 2-67 所示。

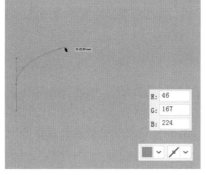

图 2-64　　　　　　　　　　　　　　　　　　图 2-65

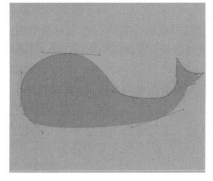

图 2-66　　　　　　　　　　　　　　　　　　图 2-67

单击工具箱中的"椭圆工具" ○ 按钮，在画板中合适位置按住 Shift 键拖动绘制正圆，如图 2-68 所示。

Step08 使用相同的方法，在画板中继续绘制正圆，如图 2-69 所示。

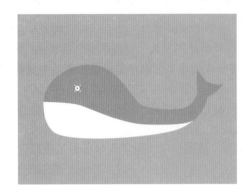

图 2-68   图 2-69

Step09 选中绘制的两个正圆，执行"窗口"｜"路径查找器"命令，在打开的"路径查找器"面板中单击"减去顶层"按钮，效果如图 2-70 所示。

Step10 使用"椭圆工具" ○ 在画板中绘制正圆，如图 2-71 所示。

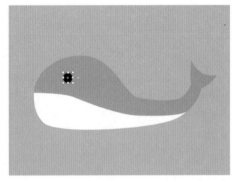

图 2-70   图 2-71

Step11 选中绘制的正圆，单击鼠标右键，在弹出的快捷菜单中执行"排列"｜"后移一层"命令，效果如图 2-72 所示。

Step12 使用"钢笔工具" ✐ 绘制一些闭合路径作为装饰，如图 2-73 所示。

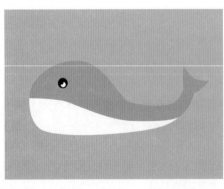

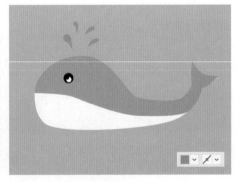

图 2-72   图 2-73

至此，完成卡通造型的绘制。

2.6 画笔工具

Illustrator 软件中的"画笔工具" 作为一款矢量绘图工具，可以应用多种笔触效果，绘制更为随意的路径，下面将对其进行介绍。

■ 2.6.1 使用画笔工具

选中工具箱中的"画笔工具" ，在控制栏中可对该工具的参数进行设置，如图 2-74 所示为"画笔工具"的控制栏。

图 2-74

单击"画笔工具"控制栏中的"描边"选项，在打开的"描边"面板中可对描边的粗细、端点、边角等参数进行设置，如图 2-75 所示。在"变量宽度配置文件"下拉列表中可对画笔的宽度配置进行设置，如图 2-76 所示。在"画笔定义"中可以对画笔工具的笔触样式进行设置，如图 2-77 所示。

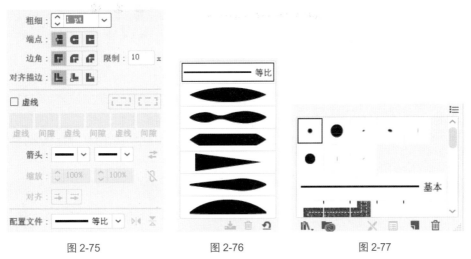

图 2-75　　　　　　图 2-76　　　　　　图 2-77

设置完成后，移动鼠标至画板中，按住鼠标左键拖动绘制，如图 2-78 所示。释放鼠标左键即完成绘制，效果如图 2-79 所示。若对绘制的效果不满意，可以选中绘制的路径，在控制栏中重新进行设置，选中的路径也会随之变化，如图 2-80 所示。

图 2-78　　　　　　　图 2-79　　　　　　　图 2-80

2.6.2 使用画笔库

Illustrator 软件中的画笔库包含多种画笔，通过这些画笔，用户可以制作更为丰富的路径效果。

执行"窗口"|"画笔"命令，打开"画笔"面板，单击"画笔"面板底部的"画笔库菜单" ⚑ 按钮，弹出"画笔库"快捷菜单，如图 2-81 所示。在该菜单栏中，用户可执行相应的命令，打开对应的画笔库面板，如图 2-82 所示为执行"艺术效果"|"艺术效果_书法"命令打开的"艺术效果_书法"面板。

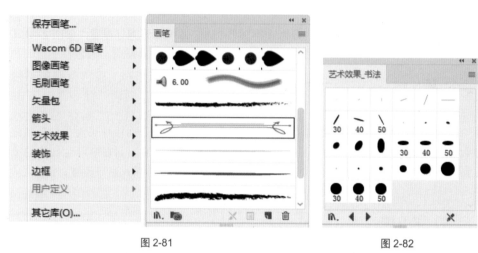

图 2-81　　　　　　　　　　　　　　　图 2-82

> **知识点拨**
>
> Illustrator 软件中任何绘图工具绘制的路径均可应用画笔描边效果。

2.6.3 定义新画笔

若在画笔库中没有找到合适的画笔，也可以自定义新画笔进行使用。下面将对其进行介绍。

实例：定义新画笔

下面练习定义新画笔。

Step01 打开 Illustrator 软件，执行"文件"|"打开"命令，打开本章素材文件"新画笔.ai"。选中要被定义为画笔笔触的对象，如图 2-83 所示。单击"画笔"面板底部的"新建画笔" ⬛ 按钮，在弹出的"新建画笔"对话框中设置新建画笔的类型，如图 2-84 所示，完成后单击"确定"按钮。

图 2-83

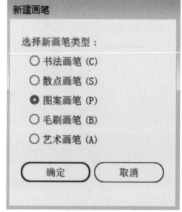

图 2-84

Step02 在弹出的"图案画笔选项"对话框中可以设置新建画笔的各项参数，如图 2-85 所示，完成后单击"确定"按钮。新创建的画笔出现在"画笔"面板中，如图 2-86 所示。

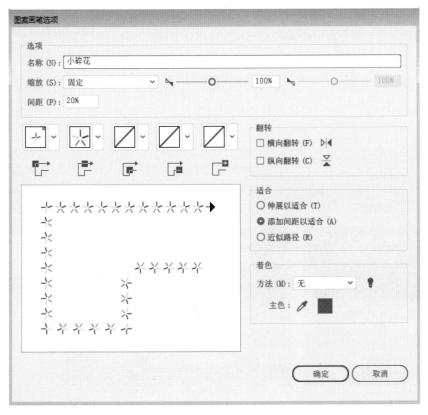

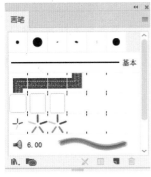

图 2-85 图 2-86

Step03 使用"星形工具" ☆ 在画板中绘制路径，如图 2-87 所示。选中绘制的路径，在控制栏的"画笔定义"中选择新画笔，效果如图 2-88 所示。

图 2-87 图 2-88

至此，完成新画笔的定义。

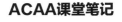

ACAA课堂笔记

铅笔工具组中包括"Shaper 工具" 、"铅笔工具" ✐、"平滑工具" ✐、"路径橡皮擦工具" ✐、"连接工具" ✐五种工具。通过这些工具，用户可以绘制手绘效果的线条。下面将对这五种工具进行介绍。

2.7.1 Shaper 工具

"Shaper 工具" ✐的功能比较强大，既可以绘制标准的几何图形，也可以对堆积在一起的路径进行简单的处理。

1. 绘制图形

选中工具箱中的"Shaper 工具" ✐，在画板中绘制几何形状轮廓，即可得到标准的几何形状，如图 2-89 和图 2-90 所示。

图 2-89

图 2-90

> **注意事项**
>
> 在 Illustrator CC 中，"Shaper 工具" ✐仅可绘制三角形、四边形、六边形、正圆、椭圆以及直线等标准几何形状。

2. 处理图形

"Shaper 工具" ✐还可以简单处理重叠的路径或形状，对其进行删除、合并等操作。

> **知识点拨**
>
> 单击工具箱中的"Shaper 工具" ✐按钮，按住鼠标左键在重叠的矢量图形上进行涂抹：
> ◎ 若涂抹在单一形状内进行，那么该区域会被切出；
> ◎ 若涂抹在重叠形状的相交范围内，则相交的区域会被切出；
> ◎ 若涂抹顶层的重叠部分及非重叠部分，那么顶层形状将会被切出；
> ◎ 若从底层非重叠区域涂抹至重叠区域，那么形状将被合并，合并区域颜色为涂抹始点的颜色；
> ◎ 若从顶层重叠区域涂抹至底层非重叠区域，那么形状将被合并，合并区域颜色为涂抹始点的颜色；
> ◎ 若从空白区域涂抹至形状，则涂抹区域被切出。

Adobe Illustrator CC 课堂实录

■ 2.7.2 铅笔工具

"铅笔工具" ✐可以在画板中绘制不规则的线条。绘制过程中，软件会自动根据鼠标的轨迹设定节点来生成路径。

"铅笔工具" ✐可以绘制闭合路径或开放路径，也可以以已经存在的曲线的节点作为起点，绘制出新的曲线，来修改原曲线，如图 2-91 和图 2-92 所示。

图 2-91 　　　　　　　　　　　　　　　图 2-92

若需将绘制的开放路径闭合，可以选中路径，单击工具箱中的"铅笔工具" ✐按钮，移动鼠标至开放路径端点处，此时鼠标变为✐形状，单击并按住鼠标左键拖动至另一端点处，单击即可。

> **知识点拨**
>
> 在使用铅笔工具拖动绘制路径的过程中，移动鼠标至起始端点位置，按下 Alt 键，光标变为✐形状，此时释放鼠标将会创建返回原点的最短线段的闭合图形。

■ 2.7.3 平滑工具

"平滑工具" ✐可以在保持路径原有形状的情况下，平滑所选路径，并减少路径上的锚点。

选中要平滑的路径，单击工具箱中的"平滑工具" ✐按钮，移动鼠标至要平滑的部位涂抹，路径即变平滑，如图 2-93 和图 2-94 所示。

图 2-93 　　　　　　　　　　　　　　　图 2-94

■ 2.7.4 路径橡皮擦工具

"路径橡皮擦工具" 用于擦除矢量对象的路径和锚点，以便断开路径。

选中要修改的路径，单击工具箱中的"路径橡皮擦工具" 按钮，沿着要擦除的部位拖动鼠标，即可擦除该处路径，如图 2-95 和图 2-96 所示。

图 2-95

图 2-96

■ 2.7.5 连接工具

"连接工具" 可以连接两条开放的路径，并删除多余部分。

单击工具箱中的"连接工具" 按钮，在两条开放路径未接触位置处按住鼠标左键拖动，如图 2-97 所示。释放鼠标即完成连接，如图 2-98 所示。

图 2-97

图 2-98

> **知识点拨**
>
> 使用"连接工具" 在路径相交位置上进行涂抹，可以删除多余路径并连接。

2.8 斑点画笔工具

"斑点画笔工具" 绘制的路径为填充对象，在绘制过程中，交叉路径将会合并到一起，如图 2-99 和图 2-100 所示。

图 2-99

图 2-100

2.9 橡皮擦工具组

橡皮擦工具组中的工具可以擦除或分割路径，包括"橡皮擦工具"◆、"剪刀工具"✂、"刻刀"✐三种工具，下面将针对这三种工具进行介绍。

2.9.1 橡皮擦工具

"橡皮擦工具"◆用于快速擦除矢量对象的部分内容，被擦除后的图形将转换为新的路径并自动闭合擦除的边缘。

实例：制作条纹背景效果

下面将利用"橡皮擦工具"◆制作条纹背景效果。

Step01 打开本章素材文件"条纹.ai"，如图 2-101 所示。

Step02 选择上层矢量对象，单击工具箱中的"橡皮擦工具"◆按钮，按住 Alt 键拖动鼠标，在要擦除的部位拖动鼠标左键，拖动出的矩形范围内选定对象的路径将被擦除，如图 2-102 所示。

Step03 使用相同的方法继续擦除矢量对象的内容，最终效果如图 2-103 所示。至此，完成条纹背景效果的制作。

图 2-101

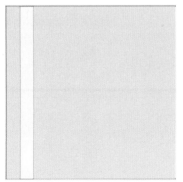

图 2-102

图 2-103

若想对"橡皮擦工具"的参数进行调整，可以双击工具箱中的"橡皮擦工具" ◆按钮，打开"橡皮擦工具选项"对话框进行设置，如图 2-104 所示。

图 2-104

■ 2.9.2　剪刀工具

"剪刀工具" ✂可以分割路径或矢量图形。

选中一个矢量图形，单击工具箱中的"剪刀工具" ✂按钮，在路径或锚点处单击，即可打断路径，如图 2-105 所示，在该对象另一处路径或锚点单击，图形即被分割为两个部分，移动后可以看到清楚的分割效果，如图 2-106 所示。

图 2-105　　　　　　　　　　　　图 2-106

■ 2.9.3　刻刀工具

"刻刀" ⟋可以分割路径或矢量图形，与"剪刀工具" ✂相比，该工具更为随意。

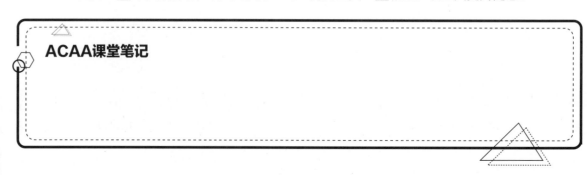

ACAA课堂笔记

■ **实例：分割西瓜对象**

　　下面将利用"刻刀" ✐ 工具分割西瓜对象。

`Step01` 打开本章素材文件"西瓜.ai"。选中西瓜矢量图形，单击工具箱中的"刻刀" ✐ 按钮，按住鼠标左键在选中对象上进行拖动，如图2-107所示。

`Step02` 释放鼠标后选中对象即被切割。选中一部分已切割的对象，移动以观察明显效果，如图2-108所示。至此，完成西瓜对象的分割。

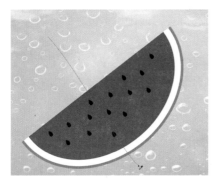
图 2-107

图 2-108

> **注意事项**
>
> 　　使用"刻刀"的过程中，按住 Alt 键拖动鼠标，则是以直线形式分割对象。
> 　　若未选中对象使用"刻刀" ✐，将会对鼠标移动范围内的所有对象进行切割。

2.10 符号工具

　　符号工具组中的工具可以快速地绘制多个相似图形对象并对之进行调整。包括"符号喷枪工具" 🔩、"符号移位器工具" 🐾、"符号紧缩器工具" 🍒、"符号缩放器工具" 🔘、"符号旋转器工具" 🔘、"符号着色器工具" 🐾、"符号滤色器工具" 🔘 和"符号样式器工具" 🔘 八种，如图2-109所示。下面将对该工具组进行介绍。

　　符号工具组离不开"符号"面板。执行"窗口"|"符号"命令，弹出"符号"面板，如图2-110所示。在"符号"面板中选中一个符号，使用"符号喷枪工具" 🔩 在画板中按住鼠标左键进行拖动，鼠标经过的位置将出现所选符号，释放鼠标即可完成置入，如图2-111所示。

图 2-109

图 2-110

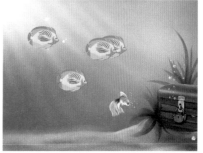
图 2-111

在置入符号时，按住鼠标左键的时间越长，置入的符号就越多。单击"符号"面板中的"断开符号链接" 按钮，符号对象即变成图形对象，可以进行单个图形的操作。

"符号库"中包括更多符号，单击"符号"面板底部的"符号库菜单" 按钮，在弹出的菜单中执行相应的命令，即可打开所需的符号库面板进行选择。

符号工具组中的其他七种工具主要配合"符号喷枪工具" 进行使用，作用如下：

◎ 符号移位器工具 ：用于更改画板中绘制出的符号的位置和堆叠顺序。

◎ 符号紧缩器工具 ：用于调整画板中绘制出的符号的密度。

◎ 符号缩放器工具 ：用于调整画板中绘制出的符号的大小。

◎ 符号旋转器工具 ：用于调整画板中绘制出的符号的角度。

◎ 符号着色器工具 ：用于改变选中的符号的颜色。

◎ 符号滤色器工具 ：用于改变选中的符号实例或符号组的透明度。

◎ 符号样式器工具 ：将指定的图形样式应用到指定的符号实例中。

2.11 图表工具

图表工具可以清晰直观地展示数据。在 Illustrator 软件中，包括"柱形图工具" 、"堆积柱形图工具" 、"条形图工具" 、"堆积条形图工具" 、"折线图工具" 、"面积图工具" 、"散点图工具" 、"饼图工具" 、"雷达图工具" 九种图表工具。下面将对这九种图表工具进行介绍。

◎ 柱形图工具 ：柱形图可以清晰地表现出数据，常用于显示一段时间内的数据变化或显示各项数据之间的比较情况，如图 2-112 所示。

◎ 堆积柱形图工具 ：堆积柱形图工具创建的图表与柱形图类似，但是堆积柱形图是一个个小的堆积而成的，而柱形图只是一个，如图 2-113 所示。

◎ 条形图工具 ：条形图是横向的柱形，如图 2-114 所示。

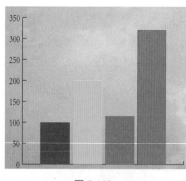

图 2-112　　　　　　　　　图 2-113　　　　　　　　　图 2-114
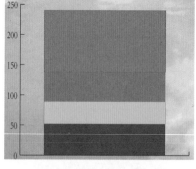

◎ 堆积条形图工具 ：堆积条形图是水平的堆积的效果，如图 2-115 所示。

◎ 折线图工具 ：折线图可以显示随时间而变化的连续数据，适用于显示在相等时间间隔下数据的趋势，如图 2-116 所示。

◎ 面积图工具 ：面积图强调数量随时间而变化的程度，与折线图相比，面积图被填充颜色，如图 2-117 所示。

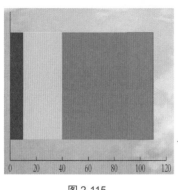

图 2-115

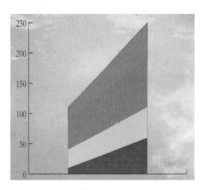

图 2-116

图 2-117

◎ 散点图工具 ：散点图就是数据点在直角坐标系平面上的分布图，如图 2-118 所示。

◎ 饼图工具 ：饼图可以显示每一部分在整个饼图中所占的百分比，如图 2-119 所示。

◎ 雷达图工具 ：雷达图常用于财务分析报表中，如图 2-120 所示。

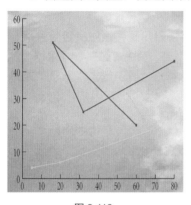

图 2-118

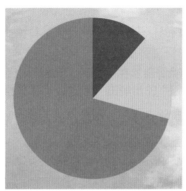

图 2-119

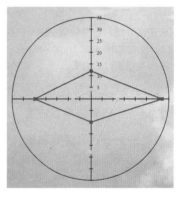

图 2-120

ACAA课堂笔记

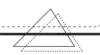

课堂实战：网页广告的设计与制作

本实例将利用前面所学习的知识制作一个网页广告，具体的操作过程如下。

Step01 打开 Illustrator 软件，执行"文件"|"新建"命令，打开"新建文档"对话框，在该对话框中设置参数，如图 2-121 所示。完成后单击"创建"按钮新建文档。使用"矩形工具" ▣ 在画板中绘制一个与画板等大的矩形。

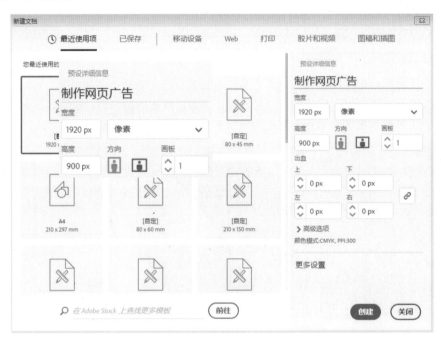

图 2-121

Step02 选中绘制的矩形，执行"窗口"|"渐变"命令，打开"渐变"对话框，单击渐变滑块，即可应用默认的渐变色，如图 2-122 所示。

Step03 双击左侧的"渐变滑块" ▯，在弹出的面板中可以调整该滑块的颜色，如图 2-123 所示。

Step04 双击右侧的"渐变滑块" ▯，在弹出的面板中可以调整该滑块的颜色，如图 2-124 所示。

图 2-122

图 2-123

图 2-124

Step05 使用"渐变工具" ▣ 调整渐变方向，如图 2-125 所示。

Step06 使用"钢笔工具" ✐ 在画板中绘制路径，如图 2-126 所示。

| 图 2-125 | 图 2-126 |

Step07 使用"渐变工具" ■调整渐变方向，如图 2-127 所示。

Step08 使用相同的方法，绘制闭合路径，如图 2-128 所示。

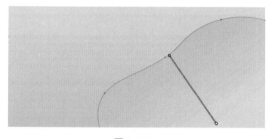

| 图 2-127 | 图 2-128 |

Step09 单击工具箱中的"椭圆工具" ● 按钮，在画板中合适位置按住 Shift 键拖动绘制正圆，如图 2-129 所示。

Step10 使用相同的方法，继续绘制正圆，如图 2-130 所示。

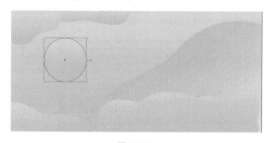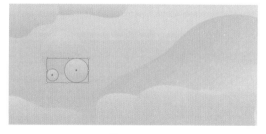

| 图 2-129 | 图 2-130 |

Step11 执行"文件"｜"置入"命令，在打开的"置入"对话框中选中本章素材"果蔬 1.png"，取消勾选"链接"复选框，完成后单击"置入"按钮，在画板合适位置单击，即可置入素材文件，如图 2-131 所示。

Step12 按住 Shift 键调整置入对象的大小，效果如图 2-132 所示。

| 图 2-131 | 图 2-132 |

Step13 选中置入对象，按 Ctrl+C 组合键复制对象，按 Ctrl+B 组合键粘贴在下面，此时默认选中对象为下层的复制对象，按住 Shift 键调整其大小，效果如图 2-133 所示。

Step14 选中下层的置入对象，在控制栏中设置不透明度为 20%，效果如图 2-134 所示。

图 2-133

图 2-134

Step15 使用相同的方法，置入本章素材"果蔬 2.png""果蔬 3.png""果蔬 4.png""果蔬 5.png"，并调整至合适大小与位置，如图 2-135 所示。

Step16 使用"文字工具" **T** 在画板中合适位置输入文字，在控制栏中设置文字字体与大小，效果如图 2-136 所示。

图 2-135

图 2-136

Step17 使用"文字修饰工具" 修饰文字大小，如图 2-137 所示。

Step18 使用相同的方法输入文字，如图 2-138 所示。

Step19 使用相同的方法，继续输入文字，如图 2-139 所示。

图 2-137

图 2-138

图 2-139

Step20 选中工具箱中的"圆角矩形工具" ▢ ，在画板中合适位置处按住鼠标左键拖动即可绘制圆角矩形，如图 2-140 所示。

Step21 使用相同的方法，绘制其他圆角矩形，如图 2-141 所示。

图 2-140

图 2-141

至此，完成网页广告的制作。

课后作业

一、填空题

1. 钢笔工具绘制的曲线，曲线上锚点的_____和_____的位置确定了曲线段的形状。

2. 使用星形工具时，按住_____可以在绘制的过程中进行移动。

3. 使用多边形工具时，按住_____可以使某一边在拖动鼠标绘制的过程中始终保持水平状态。

4. 按住_____时单击工具箱中的工具图标可以切换隐藏的工具。

5. 使用_____可以选择路径上的单个锚点及部分路径，并显示方向线。

二、选择题

1. 下列关于铅笔工具的描述错误的是（　　）。

A. 在使用铅笔工具绘制任意路径的过程中，无法精确控制每个锚点的位置，但可以在路径绘制完成后进行修改，如增加或删除锚点

B. 铅笔工具绘制的路径上的锚点数是由路径的长度、路径的复杂程度以及铅笔工具预置对话框中精确度和平滑度的数值决定的

C. 使用铅笔工具绘制的路径，可以应用画笔面板中的笔刷效果

D. 铅笔工具不可以绘制封闭的路径

2. 使用平滑工具时，影响平滑程度的因素有（　　）。

A. 原始路径上锚点的数量

B. 平滑工具预置对话框中精确度及平滑度数值的设定

C. 路径是封闭路径或开放路径

D. 路径的长度

3. 下列关于橡皮擦工具描述正确的是（　　）。

A. 橡皮擦工具只能擦除开放路径

B. 橡皮擦工具只能擦除部分路径，不能将其完全擦除

C. 橡皮擦工具可以擦除文本或网格

D. 橡皮擦工具可以擦除路径上的任意部分

4. 若想绘制同心圆，可以（　　　）。

A. 使用椭圆工具在画板中双击，打开"椭圆"对话框并设置参数

B. 按住 Shift+Alt 组合键，使用椭圆工具在画板中单击，打开"正圆"对话框并设置参数

C. 按住 Alt 键，使用椭圆工具在画板中单击，打开"椭圆"对话框并设置参数

D. 按住 Shift 键，使用椭圆工具在画板中单击，打开"椭圆"对话框并设置参数

5. 在画板中，若想选中多个对象，做法不正确的是（　　　）。

A. 按住 Alt 键，使用选择工具逐个单击要选中的对象

B. 按住 Shift 键，使用选择工具逐个单击要选中的对象

C. 使用选择工具选中所有对象，再按住 Shift 键，单击不需要选中的对象

D. 使用选择工具选中不需要选中的对象，再按住 Shift 键，从所有对象的左上角向右下角的方向拖动绘制矩形框框选所有对象

三、操作题

1. 绘制夕阳插画

（1）绘图效果参照图 2-142 所示。

（2）操作思路。

◎ 使用矩形工具绘制背景；

◎ 使用钢笔工具绘制山；

◎ 使用椭圆工具及矩形工具绘制云形；

◎ 最后使用画笔工具绘制圆点作为装饰即可。

图 2-142

2. 制作柠檬插画

（1）柠檬插画效果如图 2-143 所示。

（2）操作思路。

◎ 使用矩形工具绘制背景；

◎ 使用椭圆工具绘制圆环；

◎ 使用钢笔工具绘制果肉部分，并进行旋转复制；

◎ 选中绘制的果肉部分，偏移路径；

◎ 调整图层排列顺序即可。

图 2-143

第〈3〉章

编辑矢量图形详解

内容导读

　　本章主要讲解了如何编辑矢量图形。矢量图形的编辑既包括简单的移动、旋转、缩放对象，也包括稍微复杂的连接、偏移、简化等。通过这些编辑操作，用户可以更好地处理图形对象，制作更复杂的效果。

学习目标

　》　学会变换对象；

　》　掌握编辑路径对象。

3.1 对象的变换

在使用 Illustrator 软件绘图时，可以使用命令或工具箱中的工具对画面中的对象进行移动、旋转、镜像、缩放、倾斜、自由变换、封套扭曲变形、形状生成等操作，下面将对其进行介绍。

3.1.1 移动对象

单击工具箱中的"选择工具" ▶ 按钮，选中要移动的对象，按住鼠标左键拖动，即可移动选中的对象，也可在选中对象后，按键盘的 ↑、↓、←、→ 键进行位置的微调。

若要精准地移动对象，可以选中要移动的对象，双击工具箱中的"选择工具" ▶ 按钮，或执行"对象"|"变换"|"移动"命令，或按 Shift+Ctrl+M 组合键，打开"移动"对话框，如图 3-1 所示。在该对话框中，设置移动的距离、角度等参数后单击"确定"按钮，即可以按设置的参数进行精准的移动。

ACAA课堂笔记

图 3-1

3.1.2 旋转对象

选中要旋转的对象，单击工具箱中的"旋转工具" ⟲ 按钮或按 R 键，此时鼠标变为 ✛ 形状，在画板中按住鼠标左键拖动即可旋转对象，如图 3-2 所示。若移动旋转中心点 ✧，旋转中心也会随之改变，如图 3-3 所示。

图 3-2

图 3-3

若想精准地旋转对象，可以执行"对象"|"变换"|"旋转"命令，或双击工具箱中的"旋转工具"按钮，打开"旋转"对话框，如图3-4所示。在该对话框中设置参数，即可以按设置的参数旋转对象，如图3-5所示。单击"复制"按钮可以复制并旋转对象。

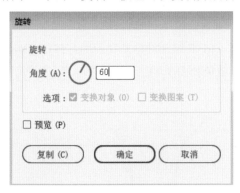

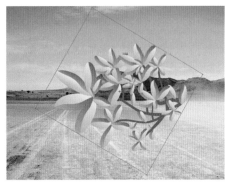

图 3-4   图 3-5

■ 实例：绘制手表表盘

下面练习绘制手表表盘。涉及的知识点包括新建文档、旋转复制对象等。主要用到的工具有"椭圆工具""直线段工具"等。

Step01 打开 Illustrator 软件，执行"文件" | "新建"命令，打开"新建文档"对话框，在该对话框中设置参数，如图3-6所示。完成后单击"创建"按钮，新建文档。

图 3-6

Step02 使用"矩形工具" ▣在画板中绘制一个与画板等大的矩形，在控制栏中设置填充和描边属性，效果如图 3-7 所示。

Step03 单击工具箱中的"椭圆工具" ◯按钮，在控制栏中设置填充和描边属性，移动鼠标至画板中合适位置后，按住 Shift 键拖动绘制正圆，如图 3-8 所示。

Step04 选中绘制的正圆，按 Ctrl+C 组合键复制，按 Ctrl+F 组合键粘贴在前面，按住 Alt+Shift 组合键从中心等比例缩小圆，在控制栏中设置描边属性，效果如图 3-9 所示。

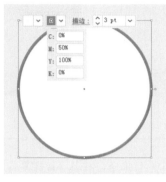
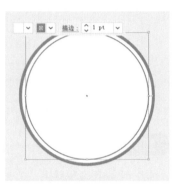

图 3-7　　　　　　　　　　图 3-8　　　　　　　　　　图 3-9

Step05 使用相同的方法复制正圆，调整其大小并设置填充和描边属性，如图 3-10 所示。

Step06 使用"直线段工具" ╱在圆内部绘制直线段，如图 3-11 所示。

Step07 选中绘制的直线段，单击工具箱中的"旋转工具" ◯按钮，移动鼠标至旋转中心点处，按住 Alt 键将旋转中心点拖动至合适位置，如图 3-12 所示。

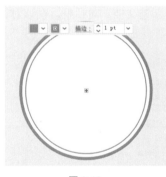
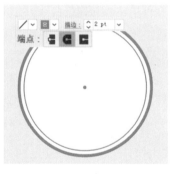
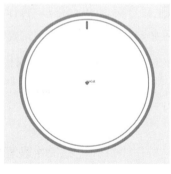

图 3-10　　　　　　　　　　图 3-11　　　　　　　　　　图 3-12

ACAA课堂笔记

Step08 释放鼠标后，打开"旋转"对话框，在该对话框中设置参数，如图 3-13 所示。

Step09 完成后单击"复制"按钮，效果如图 3-14 所示。

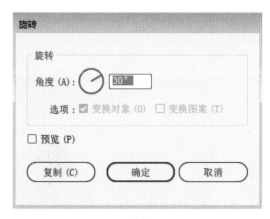

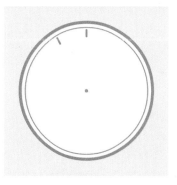

图 3-13　　　　　　　　　　　　　　　　　图 3-14

Step10 按 Ctrl+D 组合键重复上一步操作，重复几次，效果如图 3-15 所示。

Step11 使用"直线段工具" ╱ 绘制直线段，在控制栏中设置描边属性，效果如图 3-16 所示。

Step12 使用相同的方法绘制其他直线段，如图 3-17 所示。

图 3-15　　　　　　　　　　　图 3-16　　　　　　　　　　　图 3-17

至此，完成手表表盘的绘制。

■ 3.1.3　镜像对象

镜像对象可以使选中的对象沿一条看不见的轴进行翻转。

选中要镜像的对象，单击工具箱中的"镜像工具" ▷◁ 按钮，在画板中单击，移动鼠标至合适位置处继续单击，即可以这两点之间的连线为镜像轴翻转对象，如图 3-18 和图 3-19 所示。

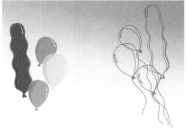

图 3-18　　　　　　　　　　　图 3-19

若想精准地镜像对象，可以执行"对象"|"变换"|"对称"命令，或双击工具箱中的"镜像工具" ▶◀ 按钮，打开"镜像"对话框，如图3-20所示。在该对话框中设置参数，即可按设置的参数来镜像对象，如图3-21所示。单击"复制"按钮可以复制并镜像对象。

图3-20　　　　　　　　　　　　　　　　图3-21

■ 3.1.4　比例缩放工具

"比例缩放工具" 🔲 可以在不改变对象基本形状的状态下，改变对象的水平和垂直尺寸。选中要缩放的对象，单击工具箱中的"比例缩放工具" 🔲 按钮或按S键，在画板中拖动鼠标即可对其进行比例缩放，如图3-22所示。

若想精准地设置缩放参数，可以执行"对象"|"变换"|"缩放"命令，或双击工具箱中的"比例缩放工具" 🔲 按钮，打开"比例缩放"对话框，如图3-23所示。在该对话框中设置参数，即可以按设置的参数缩放对象。单击"复制"按钮可以复制并缩放对象。

图3-22　　　　　　　　　　　　　　　　图3-23

在该对话框中，选中"等比"单选按钮，可以等比缩放对象；选中"不等比"单选按钮，可以分别设置水平方向和垂直方向的缩放参数；勾选"比例缩放描边和效果"复选框，可随对象一起对描边路径以及任何与大小相关的效果进行缩放。

3.1.5 倾斜对象

"倾斜工具" ⬦ 可以使对象沿一定角度进行倾斜。选中需要倾斜的对象，单击工具箱中的"倾斜工具" ⬦ 按钮，按住鼠标左键进行拖动，即可倾斜选中的对象，如图 3-24 所示。

若想精确地设置倾斜参数，可以执行"对象"|"变换"|"倾斜"命令，或双击工具箱中的"倾斜工具" ⬦ 按钮，打开"倾斜"对话框，如图 3-25 所示。在该对话框中设置参数，即可以设置倾斜对象的参数。单击"复制"按钮可以复制并倾斜对象。

图 3-24　　　　　　　　　　　　　　　　图 3-25

在该对话框中，"倾斜角度"可以设置对象倾斜的角度，"轴"可以定义对象的倾斜轴，"选项"可以设置对象中填充图案是否跟随变化。

3.1.6 再次变换对象

再次变换对象可以使对象沿上次变换的效果进行变换。

■ 实例：绘制仿花型

下面将利用再次变换对象命令绘制仿花型。

Step01 打开本章素材文件"椭圆 .ai"。选中椭圆对象，对其进行旋转并复制，如图 3-26 所示。

Step02 此时默认选中对象是复制对象，执行"对象"|"变换"|"再次变换"命令，或按 Ctrl+D 组合键，以相同的操作重复变换对象，重复多次操作后效果如图 3-27 所示。至此，仿花型绘制完成。

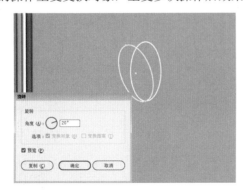

图 3-26　　　　　　　　　　　　　　　　图 3-27

■ 3.1.7　分别变换对象

分别变换对象可以使选中的多个对象按各自的中心点进行变换。

选中画板中的多个对象，执行"对象"|"变换"|"分别变换"命令，或按 Ctrl+Shift+Alt+D 组合键，打开"分别变换"对话框，如图 3-28 所示。在该对话框中设置变换参数，即可以设置的参数变换多个对象，如图 3-29 所示。若勾选"随机"复选框，将以调整的参数随机变换对象。

图 3-28   图 3-29

■ 3.1.8　整形工具

"整形工具" 可以通过简单的操作使对象产生变形的效果。

使用"直接选择工具" 选中一段路径，单击工具箱中的"整形工具" 按钮，在选中的路径上单击添加锚点，拖动锚点即可使路径变形，如图 3-30 和图 3-31 所示。

图 3-30   图 3-31

■ 3.1.9 自由变换

"自由变换工具" ☒可以直接对图像进行透视、扭曲、变换等操作。

选中需要进行变换的对象,单击工具箱中的"自由变换工具" ☒按钮,弹出隐藏的工具列,如图3-32所示。从中选择需要的工具并对图像进行相应的操作, 如图3-33所示。

图 3-32　　　　　　　图 3-33

"自由变换工具" ☒的隐藏工具列中各工具作用如下:

◎ 限制:限制变换的程度。缩放只能等比缩放;旋转会按 45°角倍增旋转;倾斜只能沿水平或垂直方向倾斜。

◎ 自由变换:可对选中的对象进行缩放、旋转、移动、倾斜等操作。

◎ 透视扭曲:用于变换图像产生透视效果。

◎ 自由扭曲:自由扭曲变换对象。

■ 3.1.10 封套扭曲变形

封套扭曲变形可对矢量图形或位图进行变形操作。Illustrator 软件中包括用变形建立、用网格建立和用顶层对象建立三种建立封套扭曲的方式,如图3-34所示。下面将针对这三种方式进行介绍。

ACAA课堂笔记

图 3-34

1. 用变形建立

"用变形建立"命令是以特定的变形方式将图形变形。选中需要变形的对象，执行"对象"|"封套扭曲"|"用变形建立"命令，打开"变形选项"对话框，如图3-35所示。在该对话框中设置参数，完成后单击"确定"按钮，即可以按设置的参数变形图形，如图3-36所示。

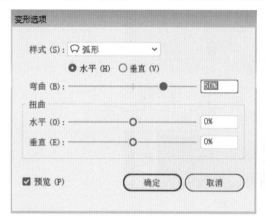

<table>
<tr><td>图 3-35</td><td>图 3-36</td></tr>
</table>

在"变形选项"对话框中，"样式"可以定义不同的变形样式；"水平/垂直"单选按钮定义了对象的扭曲方向；"弯曲"定义了对象的弯曲程度；"水平扭曲"和"垂直扭曲"分别定义了对象在水平和垂直方向上透视扭曲变形的程度。

2. 用网格建立

"用网格建立"命令通过为对象添加网格从而调整网格来实现对象的变形。

选中需要变形的对象，执行"对象"|"封套扭曲"|"用网格建立"命令，打开"封套网格"对话框，如图3-37所示。在该对话框中设置参数，为选中对象添加网格，使用"直接选择工具" ▷，选中并拖动网格点即可对对象进行变形，如图3-38所示。

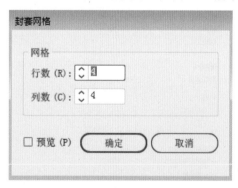

图 3-37　　　　　　　　　　　　　　　　　　　图 3-38

3. 用顶层对象建立

"用顶层对象建立"命令以顶层对象为基本轮廓，变换底层对象的形状。顶层对象为矢量对象，底层对象可以是矢量图形也可以是位图图形。

选中两个对象，如图3-39所示。执行"对象"|"封套扭曲"|"用顶层对象建立"命令，即可隐藏顶层对象，扭曲变形底层对象，如图3-40所示。

图 3-39   图 3-40

3.2 编辑路径对象

　　路径创建完成后，可以根据需要对其进行编辑。在 Illustrator 软件中，有多种编辑路径的方式。执行"对象"|"路径"命令，在弹出的子菜单中即可看到路径编辑的命令，也可以通过"路径查找器"面板或"形状生成器工具" 🔍 对路径进行编辑。下面，将对编辑路径对象的一些方式进行介绍。

■ 3.2.1 连接

　　"连接"命令可以闭合开放路径，也可以将多个路径连接在一起。

　　选中开放路径，如图 3-41 所示。执行"对象"|"路径"|"连接"命令，或按 Ctrl+J 组合键，即可闭合路径，如图 3-42 所示。

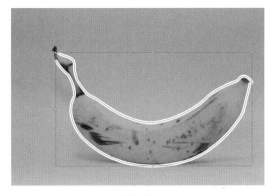
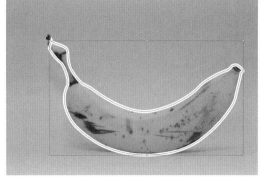

图 3-41   图 3-42

注意事项

　　在连接多个路径时，若未选中锚点连接，则会自动连接路径中相近的锚点。

■ 3.2.2 平均

　　"平均"命令可以将选择的锚点排列在同一水平线或垂直线上。

选中路径对象，执行"对象"|"路径"|"平均"命令，或按Ctrl+Alt+J组合键，打开"平均"对话框，如图3-43所示。在该对话框中选取轴后，单击"确定"按钮，即可将选中对象的锚点排列在同一条线上，如图3-44所示为选中"垂直"轴的效果。

图 3-43   图 3-44

■ 3.2.3　轮廓化描边

　　"轮廓化描边"命令可以将路径描边转换为独立的填充对象，转换后的描边具有自己的属性，可以进行颜色、粗细、位置的更改。

　　选中描边路径，执行"对象"|"路径"|"轮廓化描边"命令，单击鼠标右键，在弹出的快捷菜单中执行"取消编组"命令取消编组，选择描边进行拖动，可看到描边部分被转换为轮廓，并能独立设置填充和描边内容，如图3-45和图3-46所示。

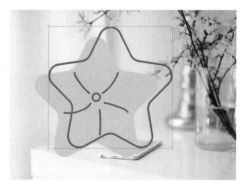

图 3-45   图 3-46

■ 3.2.4　偏移路径

　　"偏移路径"命令可以扩大或收缩路径的位置。

　　选中要偏移路径的对象，执行"对象"|"路径"|"偏移路径"命令，打开"偏移路径"对话框，如图3-47所示。在该对话框中设置参数，可对路径做出相应的调整，如图3-48所示。

图 3-47   图 3-48

在该对话框中，"位移"参数可以调整路径偏移的距离，数值为正值时，路径向外扩大，数值为负值时，路径向内缩小；"连接"用于调整路径偏移后尖角的效果。

■ 实例：添加文字整体描边效果

接下来练习为文字整体添加描边效果。

Step01 打开 Illustrator 软件，执行"文件"｜"新建"命令，打开"新建文档"对话框，在该对话框中设置参数，如图 3-49 所示。完成后单击"创建"按钮，新建文档。

Step02 执行"文件"｜"置入"命令，在打开的"置入"对话框中选中本章素材"背景 .jpg"，完成后单击"置入"按钮，在画板左上角单击，置入素材文件，如图 3-50 所示。

图 3-49

图 3-50

Step03 单击工具箱中的"文字工具"**T** 按钮，移动鼠标至画板合适位置处并单击，此时画板中出现被选中的文字，如图 3-51 所示。在控制栏中设置文字参数，画板中文字效果也会随之变化，如图 3-52 所示。

图 3-51

图 3-52

Step04 设置完文字参数后，输入需要的文字，如图 3-53 所示。

Step05 选中输入的文字，单击鼠标右键，在弹出的快捷菜单中执行"创建轮廓"命令，效果如图 3-54 所示。

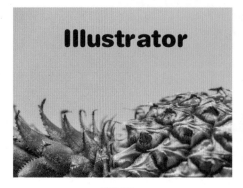

图 3-53   图 3-54

Step06 选中文字轮廓，执行"对象"|"路径"|"偏移路径"命令，在打开的"偏移路径"对话框中设置参数，如图 3-55 所示。完成后单击"确定"按钮，效果如图 3-56 所示。

图 3-55   图 3-56

Step07 执行"窗口"|"路径查找器"命令，在打开的"路径查找器"面板中单击"联集"按钮，如图 3-57 所示。此时效果如图 3-58 所示。

图 3-57   图 3-58

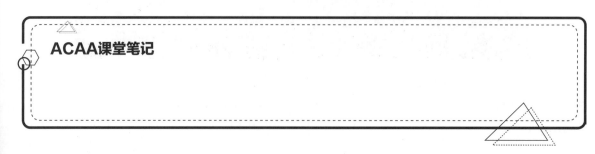

ACAA课堂笔记

Step08 单击工具箱底部的"标准的 Adobe 颜色控制组件"中的"互换填色和描边" ↖ 按钮,效果如图 3-59 所示。在控制栏中设置描边参数,效果如图 3-60 所示。

图 3-59 图 3-60

至此,完成制作添加文字整体描边效果。

3.2.5 简化

"简化"命令可以删除路径上多余的锚点,并减少路径上的细节。

选中要简化的路径,执行"对象"|"路径"|"简化"命令,打开"简化"对话框,如图 3-61 所示。在该对话框中设置参数,可对路径做出相应的调整,如图 3-62 所示。

 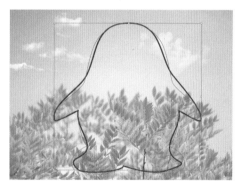

图 3-61 图 3-62

在"简化"对话框中,部分选项作用如下:

◎ 曲线精度:简化路径与原始路径的接近程度。越高的百分比将创建越多点并且越接近。

◎ 角度阈值:控制角的平滑度。若角点的角度小于角度阈值,将不更改该角点。如果曲线精度值低,该选项将保持角锐利。

◎ 直线:在对象的原始锚点间创建直线。如果角点的角度大于角度阈值中设置的值,将删除角点。

◎ 显示原路径:显示简化路径背后的原路径。

3.2.6 添加锚点

"添加锚点"命令可快速为原始路径添加锚点,且不改变路径形态。

选中要添加锚点的对象，如图 3-63 所示。执行"对象"|"路径"|"添加锚点"命令，即可快速且均匀地在路径上添加锚点，如图 3-64 所示。

图 3-63　　　　　　　　　　　　　　　　图 3-64

■ **3.2.7　移去锚点**

"移去锚点"命令可删除选中的锚点，且保持路径的连续。

选中要删除的锚点，执行"对象"|"路径"|"移去锚点"命令，即可删除所选锚点。

■ **3.2.8　分割为网格**

"分割为网格"命令可以将封闭路径对象转换为网格。

选中要分割为网格的路径，执行"对象"|"路径"|"分割为网格"命令，打开"分割为网格"对话框，如图 3-65 所示。在该对话框中设置参数，即可将选中的路径分割为网格，如图 3-66 和图 3-67所示为执行该命令的前后效果。

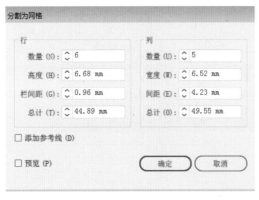
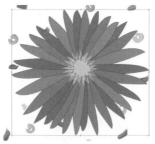
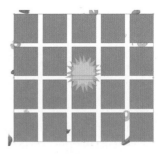

图 3-65　　　　　　　　　　图 3-66　　　　　　　　　　图 3-67

在"分割为网格"对话框中，部分选项作用如下：

◎ 数量：用于定义对应的行或列的数量。

◎ 高度：用于定义每一行 / 列的高度。

◎ 栏间距：用于定义行 / 列与行 / 列之间的距离。

◎ 总计：用于定义网格整体的尺寸。

◎ 添加参考线：勾选该复选框时，将按照相应的表格自动定义出参考线。

Adobe Illustrator CC 课堂实录

■ 3.2.9 清理

"清理"命令可以快速删除文档中的游离点、未上色对象和空文本路径。执行"对象"|"路径"|"清理"命令，打开"清理"对话框，如图 3-68 所示。

其中，"游离点"为没有使用的单独锚点对象；"未上色对象"为不带填充和描边颜色的路径对象；"空文本路径"为没有任何文字的文本路径对象。勾选相应的复选框，即可删除对应的对象。

图 3-68

■ 3.2.10 路径查找器

"路径查找器"面板是 Illustrator 软件中非常常用的面板。通过该面板，用户可对重叠的对象进行指定的运算以形成复杂的路径，得到新的图形对象。

执行"窗口"|"路径查找器"命令，或按 Shift+Ctrl+F9 组合键，打开"路径查找器"面板，如图 3-69 所示。选中需要操作的对象，如图 3-70 所示。在"路径查找器"面板中单击相应的按钮，即可实现不同的应用效果。

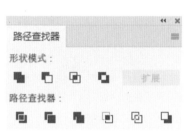

图 3-69

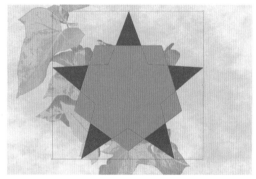

图 3-70

下面，将针对"路径查找器"面板中不同的按钮效果进行介绍：

◎ 联集▉：合并选中的对象并以顶层图形的颜色填充合并后的图形，如图 3-71 所示。

◎ 减去顶层▉：从最底层的对象中减去上层对象，如图 3-72 所示。

图 3- 71

图 3-72

◎ 交集▉：保留对象重叠区域轮廓，如图 3-73 所示。

◎ 差集▉：保留对象未重叠区域轮廓，如图 3-74 所示。

| 图 3-73 | 图 3-74 |

◎ 分割 ▣：将一份图稿分割为其构成部分的填充表面。将图形分割后，可以将其取消编组查看分割效果，如图 3-75 所示。

◎ 修边 ▣：删除已填充对象被隐藏的部分。会删除所有描边且不会合并相同颜色的对象。将对象修边后，取消编组可以查看修边效果，如图 3-76 所示。

| 图 3-75 | 图 3-76 |

◎ 合并 ▣：删除已填充对象被隐藏的部分，且会合并具有相同颜色的相邻或重叠的对象，如图 3-77 所示。

◎ 裁剪 ▣：将图稿分割为作为其构成成分的填充表面，然后删除图稿中所有落在最上方对象边界之外的部分，还会删除所有描边，如图 3-78 所示。

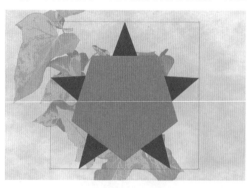

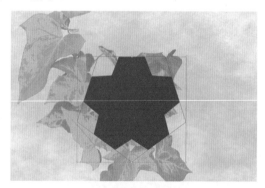

| 图 3-77 | 图 3-78 |

◎ 轮廓 ▣：将对象分割为其组件线段或边缘，如图 3-79 所示。

◎ 减去后方对象 ▣：从最前面的对象中减去后面的对象，如图 3-80 所示。

图 3-79　　　　　　　　　　　　　　　图 3-80

3.2.11　形状生成器工具

"形状生成器工具" 可以将多个简单图形合并为一个复杂的图形，还可以分离、删除重叠的形状，快速生成新的图形。

选中画板中的图形，单击工具箱中的"形状生成器工具" 按钮，将光标移动至图形的上方时，光标变为 形状，光标所在位置的图形上出现特殊阴影，如图 3-81 所示。按住鼠标左键拖动鼠标，如图 3-82 所示。释放鼠标后即可得到一个新的图形，如图 3-83 所示。

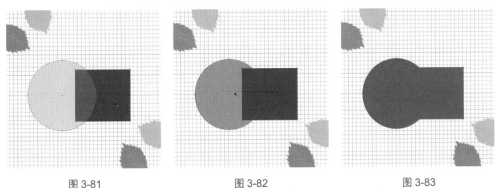

图 3-81　　　　　　　　　　图 3-82　　　　　　　　　　图 3-83

若要删除图形，可以按住 Alt 键，此时光标变为 形状，如图 3-84 所示。在需要删除的图形位置单击鼠标左键即可将其删除，如图 3-85 所示。若要删除连续的图形，按住鼠标左键，在要删除的部分拖动即可，如图 3-86 所示。

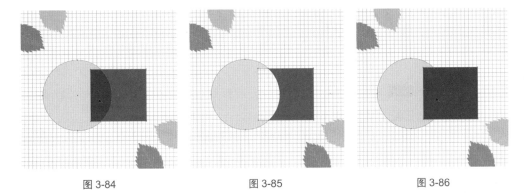

图 3-84　　　　　　　　　　图 3-85　　　　　　　　　　图 3-86

注意事项

鼠标左键单击重叠图形各部分，可将其分割，分割后默认填充色为顶层图形的颜色，且每部分都可单独选择、操作。

课堂实战：制作禅意海报

下面利用本章学习的知识制作禅意海报。

Step01 打开 Illustrator 软件，执行"文件"｜"新建"命令，打开"新建文档"对话框，在该对话框中设置参数，如图 3-87 所示。完成后单击"创建"按钮，新建文档。

Step02 使用"矩形工具" ▣ 在画板中绘制一个与画板等大的矩形，在控制栏中设置填充和描边属性，效果如图 3-88 所示。

Step03 使用相同的方法继续绘制矩形，如图 3-89 所示。

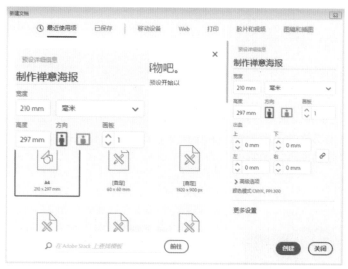

| 图 3-87 | 图 3-88 | 图 3-89 |

Step04 选中上层矩形，执行"效果"｜"素描"｜"便条纸"命令，在打开的"便条纸（12.5%）"对话框中设置参数，如图 3-90 所示。完成后单击"确定"按钮，效果如图 3-91 所示。

Step05 执行"窗口"｜"透明度"命令，在打开的"透明度"面板中设置"混合模式"为"变暗"，效果如图 3-92 所示。

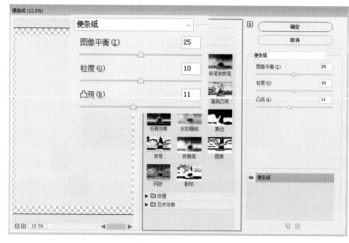

| 图 3-90 | 图 3-91 | 图 3-92 |

Step06 使用"钢笔工具" ✍ 在画板中绘制路径，如图 3-93 所示。

Step07 选中绘制的路径，单击工具箱中的"镜像工具" ⋈ 按钮，移动鼠标至路径中心点处，按住 Alt 键移动中心点位置，如图 3-94 所示。

Step08 释放鼠标，弹出"镜像"对话框，在对话框中选择合适的镜像方式，如图 3-95 所示。完成后单击"复制"按钮，效果如图 3-96 所示。

图 3-93 　　　　　图 3-94 　　　　　图 3-95 　　　　　图 3-96

Step09 使用相同的方法，镜像出另一侧的路径，如图 3-97 所示。使用"直接选择工具" ▷ 选中两段路径之间的交点，按 Ctrl+J 组合键合并锚点。

Step10 使用"钢笔工具" ✍ 沿当前路径内侧绘制路径，如图 3-98 所示。

Step11 选中绘制的路径，执行"对象"|"路径"|"偏移路径"命令，在打开的"偏移路径"对话框中设置参数，如图 3-99 所示。完成后单击"确定"按钮，在控制栏中设置路径描边为1pt，效果如图 3-100 所示。

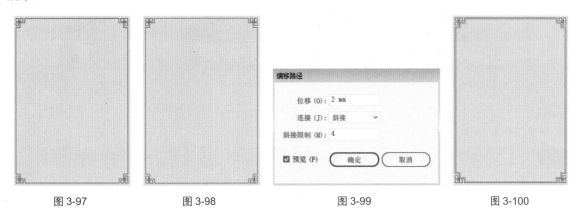

图 3-97 　　　　　图 3-98 　　　　　图 3-99 　　　　　图 3-100

Step12 执行"文件"|"置入"命令，在打开的"置入"对话框中选中本章素材"山石 .png"，取消勾选"链接"复选框，如图 3-101 所示。单击"置入"按钮，在画板中合适位置处单击，将素材置入，如图 3-102 所示。

Step13 选中置入的素材，按住 Shift 键拖动至合适大小，如图 3-103 所示。

Step14 选中置入的素材，在"透明度"面板中设置"混合模式"为"变暗"，效果如图 3-104 所示。

图 3-101　　　　　　　　图 3-102　　　　　　　图 3-103　　　　　　　图 3-104

Step15 使用相同的方法，置入本章素材"树 .png""水墨 .png""云雾 .jpg"，并设置"混合模式"为"变暗"，效果如图 3-105 所示。

Step16 选中"云雾 .jpg"，在控制栏中设置"不透明度"为 50％，效果如图 3-106 所示。

Step17 执行"文件"|"置入"命令，置入本章素材"边框 .png"，调整至合适大小并放置在合适位置，如图 3-107 所示。

Step18 使用"文字工具" **T** 在画板中合适位置处单击并输入文字，如图 3-108 所示。

图 3-105　　　　　　　图 3-106　　　　　　　图 3-107　　　　　　　图 3-108

Step19 选中输入的文字，单击鼠标右键，在弹出的快捷菜单中执行"创建轮廓"命令，如图 3-109 所示。此时文字效果如图 3-110 所示。

Step20 使用"直接选择工具" ▷ 选中文字轮廓部分锚点，如图 3-111 所示，向下拖动至合适位置，如图 3-112 所示。

图 3-109　　　　　　　图 3-110　　　　　　　图 3-111　　　　　　　图 3-112

Step21 使用"直排文字工具" ↓T在画板中合适位置处单击并输入文字，如图 3-113 所示。

Step22 执行"窗口"|"符号库"|"污点矢量包"命令，打开"污点矢量包"面板，如图 3-114 所示。在该面板中选中合适的符号拖动至画板中合适位置，单击控制栏中的"断开连接"按钮，并调整透明度，效果如图 3-115 所示。

Step23 使用相同的方法，绘制其他符号，最终效果如图 3-116 所示。

图 3-113

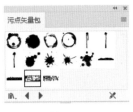
图 3-114

图 3-115

图 3-116

至此，完成禅意海报的制作。

课后作业

一、填空题

1. 选中图形对象，切换至旋转工具，按住_____移动鼠标至旋转中心点，按住并拖动鼠标即可改变旋转中心点位置。

2. 若想快速删除文档中的游离点，可以通过执行_____命令实现。

3. 若想将路径的描边转换为独立的填充对象，可以通过执行_____命令实现，转换后的描边具有自己的属性，可以进行颜色、粗细、位置的更改。

4. 选中图形对象进行变换后，按_____即可以相同的操作重复变换对象。

二、选择题

1. 在路径绘制的过程中，可以添加锚点、删除锚点、修改方向线以及转换锚点类型，下列关于锚点编辑描述不正确的是（　　）。

A. 使用增加锚点工具在路径上任意位置单击就可以增加一个锚点，但是只可以在闭合路径上使用

B. 使用钢笔工具在锚点上单击，就可以删除该锚点

C. 执行"图形"|"路径"|"增加锚点"命令，可在原有的两个锚点之间增加一个锚点

D. 转换锚点工具可将直线锚点转变成曲线锚点，也可以将曲线锚点转换为直线锚点

2. 若想将一个复杂路径均匀内缩，下列（　　）选项可以实现。

A. 使用缩放工具进行缩放

B. 使用偏移路径命令向内偏移路径

C. 使用描边轮廓化命令

D. 使用扩展命令

3. 下列哪些操作可以用来进行图形的精确移动？（　　）

A. 使用鼠标拖动页面上的图形移动

B. 选中图形对象后，按住 Shift 键拖动页面上的图形移动

C. 通过"信息"面板精确移动图形对象

D. 通过"移动"对话框精确移动图形对象

4. 若想获得两个重叠对象的合并部分，可以单击"路径查找器"面板中的（　　）按钮后实现。

A. 联集 ▪   B. 差集 ▫   C. 交集 ▣   D. 合并 ▪

三、操作题

1. 替换电视界面

（1）图像处理前后效果对比如图 3-117 和图 3-118 所示。

图 3-117   图 3-118

（2）操作思路。

◎ 置入素材对象后，使用钢笔工具沿屏幕绘制路径；

◎ 置入风景素材，调整图层顺序，建立封套扭曲变形。

2. 制作招聘海报

（1）海报效果参照图 3-119 所示。

（2）操作思路。

◎ 使用多边形工具绘制三角形，并旋转复制，通过创建剪切蒙版将三角形对象裁剪至合适大小；

◎ 使用钢笔工具、矩形工具、椭圆工具绘制图形；

◎ 输入文字并调整即可。

图 3-119

第 4 章　对象编辑详解

内容导读

　　本章主要针对对象的编辑进行介绍。合理地设置对象的对齐与分布，可以更好地管理画板中的对象，使画面整体整洁。在 Illustrator 软件中，用户还可以通过对象变形工具调整对象，制作更丰富的效果。下面将对此进行介绍。

学习目标

>> 学会变形工具的使用；

>> 学会混合工具的使用；

>> 了解透视图工具；

>> 学会如何管理对象。

4.1 对象变形工具

Illustrator软件中有一组工具可以使图形产生变形、扭曲、膨胀、晶格化等效果，即对象变形工具，如图4-1所示。下面将针对该组工具进行介绍。

4.1.1 宽度工具

"宽度工具" 可以调整路径上描边的宽度。

宽度工具	(Shift+W)
变形工具	(Shift+R)
旋转扭曲工具	
缩拢工具	
膨胀工具	
扇贝工具	
晶格化工具	
皱褶工具	

图 4-1

实例：绘制不规则圆环

下面将利用"宽度工具"绘制不规则圆环。

Step01 打开本章素材文件"圆环.ai"。选中矢量对象，单击工具箱中的"宽度工具" 按钮，移动光标至选中的路径上单击，光标变为 形状，如图4-2所示。

Step02 按住鼠标左键进行拖动，即可调整路径描边，如图4-3和图4-4所示。至此，完成不规则圆环的绘制。

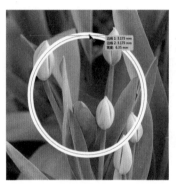
图 4-2

图 4-3

图 4-4

4.1.2 变形工具

"变形工具" 可以使矢量对象沿鼠标移动的方向产生自然的变形效果。

单击工具箱中的"变形工具" 按钮，或按 Shift+R 组合键，移动鼠标至要变形的对象上，按住鼠标左键进行拖动，即可变形对象，如图4-5所示。

图 4-5

ACAA课堂笔记

Adobe Illustrator CC 课堂实录

若想对"变形工具"进行设置，可以双击工具箱中的"变形工具"■按钮，打开"变形工具选项"对话框，如图4-6所示。在该对话框中可对笔尖的宽度、高度、角度和强度等参数进行设置。

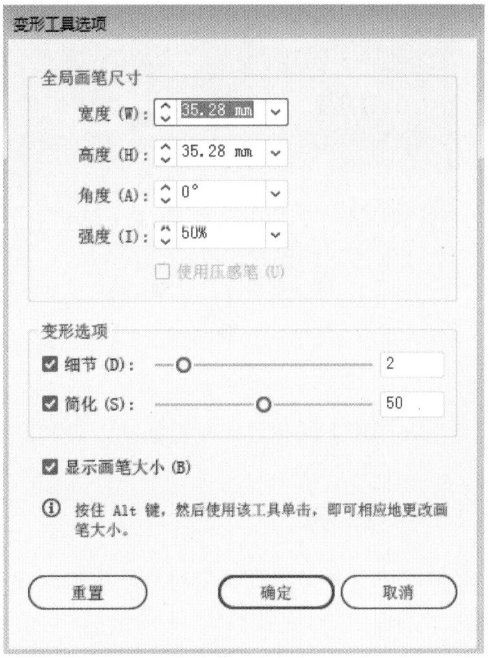

变形工具选项

全局画笔尺寸

宽度 (W): 35.28 mm

高度 (H): 35.28 mm

角度 (A): 0°

强度 (I): 50%

☐ 使用压感笔 (U)

变形选项

☑ 细节 (D): ——○—————— 2

☑ 简化 (S): ——————○—— 50

☑ 显示画笔大小 (B)

ⓘ 按住 Alt 键，然后使用该工具单击，即可相应地更改画笔大小。

重置   确定   取消

图 4-6

■ 4.1.3 旋转扭曲工具

"旋转扭曲工具" 🌀 可以使矢量对象产生旋转的扭曲变形效果。

单击工具箱中的"旋转扭曲工具"🌀按钮，移动鼠标至图形上方，按住鼠标左键即可产生扭曲效果，如图4-7所示。在进行扭曲时，按住鼠标左键的时间越长，扭曲的程度越强，如图4-8所示。

图 4-7

图 4-8

■ 4.1.4 缩拢工具

"缩拢工具" ❀ 可以使矢量对象产生向内收缩的变形效果。

单击工具箱中的"缩拢工具"❀按钮，移动鼠标至图形上方，按住鼠标左键即可产生收缩扭曲效果，如图4-9所示。按住鼠标左键的时间越长，收缩的程度越强，如图4-10所示。

图 4-9 图 4-10

也可以在图形上按住鼠标左键拖动，使其产生更为复杂的效果。

■ 4.1.5 膨胀工具

"膨胀工具" ◆可以使矢量对象产生膨胀的变形效果。

单击工具箱中的"膨胀工具" ◆按钮，移动鼠标至图形上方，按住鼠标左键即可产生膨胀变形效果，如图 4-11 所示。按住鼠标左键的时间越长，膨胀的程度越强，如图 4-12 所示。

图 4-11 图 4-12

■ 4.1.6 扇贝工具

"扇贝工具" ▣可以使矢量对象产生锯齿的变形效果。

单击工具箱中的"扇贝工具" ▣按钮，移动鼠标至图形上方，按住鼠标左键即可产生变形效果，如图 4-13 所示。按住鼠标左键的时间越长，变形的效果越强，如图 4-14 所示。

图 4-13 图 4-14

■ 4.1.7 晶格化工具

"晶格化工具" 可以使矢量对象产生推拉延伸的变形效果。

单击工具箱中的"晶格化工具" 按钮，移动鼠标至图形上方，按住鼠标左键即可使图形产生晶格化变化，如图4-15所示。按住鼠标左键的时间越长，变形的效果越强，如图4-16所示。

图4-15   图4-16

■ 4.1.8 皱褶工具

"皱褶工具" 可以使矢量对象的边缘产生褶皱感。

单击工具箱中的"皱褶工具" 按钮，移动鼠标至图形上方，按住鼠标左键即可使图形发生皱褶变形，如图4-17所示。按住鼠标左键的时间越长，变形的效果越强，如图4-18所示。

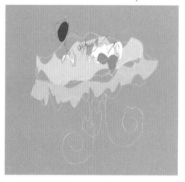

图4-17   图4-18

4.2 混合工具

混合工具可以在多个对象中间生成一系列的中间对象，以使选取的多个对象的形状和颜色产生混合效果。

■ 4.2.1 创建混合

Illustrator软件中创建混合有使用"混合工具" 和执行"混合"命令两种方式。

单击工具箱中的"混合工具" 按钮，移动鼠标至需要进行混合的对象上，单击即可创建混合，如图4-19和图4-20所示。

图4-19   图4-20

或者选中需要进行混合的对象，执行"对象"|"混合"|"建立"命令，也可将选中的对象进行混合，如图 4-21 和图 4-22 所示。

图 4-21

图 4-22

选中画板中的混合对象，可以在两个原始对象中间看到一段线段，即混合轴，如图 4-23 所示。默认情况下，混合轴为一条直线，和路径一样，混合轴可以使用钢笔工具组中的工具和直接选择工具进行调整，调整后混合对象的排列也发生了相应的变换，如图 4-24 所示。

图 4-23

图 4-24

混合轴还可被其他复杂的路径替换。在画板中绘制一段路径，使用"选择工具"同时选中路径和混合的对象，如图 4-25 所示。执行"对象"|"混合"|"替换混合轴"命令，即可用所选路径替换混合轴，如图 4-26 所示。

图 4-25

图 4-26

选中画板中的混合对象，如图 4-27 所示，执行"对象"|"混合"|"反向混合轴"命令，此时混合轴发生翻转，混合顺序发生改变，效果如图 4-28 所示。

<table>
<tr><td>图 4-27</td><td>图 4-28</td></tr>
</table>

混合对象具有堆叠顺序。选中画板中的混合对象，如图 4-29 所示。执行"对象"|"混合"|"反向堆叠"命令，混合对象的堆叠顺序即可改变，效果如图 4-30 所示。

图 4-29　　　　　　　　　　　　　　图 4-30

创建混合后，形成的混合对象是一个由图形和路径组成的整体。"扩展"会将混合对象混合分割为一系列独立的个体。

选择混合对象，执行"对象"|"混合"|"扩展"命令，扩展混合对象，如图 4-31 所示。被拓展的对象为一个编组，选中编组并单击鼠标右键，在弹出的快捷菜单中执行"取消编组"命令，就可以单独选择其中的某一对象，如图 4-32 所示。

图 4-31　　　　　　　　　　　　　　图 4-32

释放混合对象，会删除混合对象并恢复至原始对象状态。执行"对象"|"混合"|"释放"命令，即可释放混合对象。

■ 实例：利用混合工具制作彩虹

下面利用混合工具制作彩虹效果。

Step01 打开 Illustrator 软件，执行"文件"｜"新建"命令，打开"新建文档"对话框，在该对话框中设置参数，如图 4-33 所示。完成后单击"创建"按钮，新建文档。

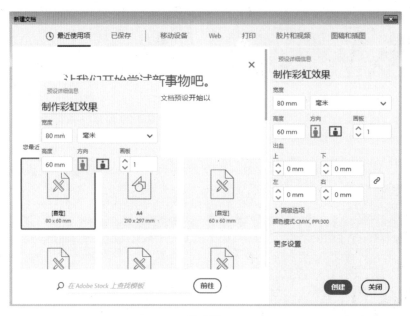

图 4-33

Step02 使用"矩形工具" ▢ 在画板中绘制一个与画板等大的矩形，在控制栏中设置填充和描边属性，效果如图 4-34 所示。

Step03 单击工具箱中的"椭圆工具" ⬭ 按钮，在控制栏中设置填充和描边属性，移动鼠标至画板中合适位置后，按住 Shift 键拖动绘制正圆，如图 4-35 所示。

Step04 选中绘制的正圆，执行"对象"｜"路径"｜"偏移路径"命令，在打开的"偏移路径"对话框中设置参数，如图 4-36 所示。

图 4-34

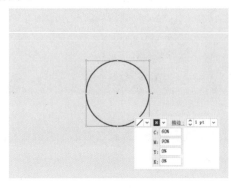

图 4-35

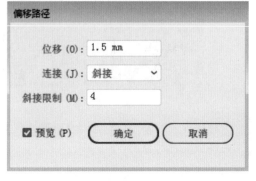

图 4-36

Adobe Illustrator CC 课堂实录

Step05 完成后单击"确定"按钮，效果如图 4-37 所示。选中偏移路径，在控制栏中设置参数，效果如图 4-38 所示。

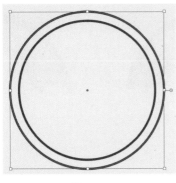 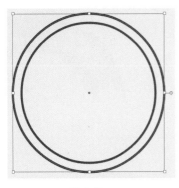

图 4-37 　　　　　　　　　图 4-38

Step06 使用相同的方法，制作偏移路径并设置参数，效果如图 4-39 所示。

Step07 使用"直接选择工具"选中所有圆形路径最下方的锚点，按 Delete 键删除，如图 4-40 所示。

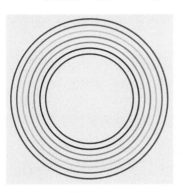 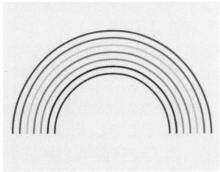

图 4-39 　　　　　　　　　图 4-40

Step08 选中所有圆形路径，按住 Shift 键拖动至合适大小，并调整至合适位置，如图 4-41 所示。

Step09 单击工具箱中的"混合工具" 按钮，移动鼠标至路径上，依次单击创建混合，如图 4-42 所示。

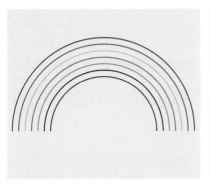 

图 4-41 　　　　　　　　　图 4-42

Step10 使用"钢笔工具"绘制路径修饰，最终效果如图 4-43、图 4-44 所示。

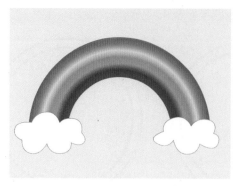 

图 4-43　　　　　　　　　　　　　　　图 4-44

至此，完成彩虹效果的制作。

4.2.2　设置混合间距与取向

双击工具箱中的"混合工具" 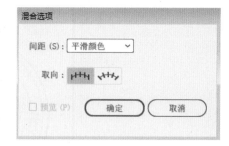 按钮，打开"混合选项"
对话框，如图 4-45 所示。在该对话框中，可对混合的"间距"
和"取向"进行设置。

在"混合选项"对话框中，各参数作用如下：

◎ 间距：用于定义对象之间的混合方式，包括平滑颜色、
　指定的步数和指定的距离三种。

◎ 平滑颜色：自动计算混合的步骤数。若对象的填充或

图 4-45

　描边颜色不同，则计算出的步骤数将是为实现平滑颜
　色过渡而取的最佳步骤数。若对象包含相同的颜色，或包含渐变或图案，则步骤数将根据两
　对象定界框边缘之间的最长距离计算得出。

◎ 指定的步数：用于控制在混合开始与混合结束之间的步骤数。

◎ 指定的距离：用于控制混合步骤之间的距离。指定的距离是指从一个对象边缘起到下一个对
　象相对应边缘之间的距离。

◎ 取向：用于设置混合对象的方向。选择"对齐页面" 将使混合垂直于页面的 x 轴。选择"对
　齐路径" 将使混合垂直于路径。

4.3　透视图工具

"透视网格工具" 是绘制具有透视效果图形的辅助工具，该工具可以约束对象的状态，以绘
制正确的透视图形。

4.3.1　认识透视网格

单击工具箱中的"透视网格工具" 按钮，画板中即会出现透视网格，如图 4-46 所示。同时，
窗口左上角会出现一个平面切换构件，如图 4-47 所示，用于帮助用户切换活动网格平面，即当前绘
制对象的平面。

Adobe Illustrator CC 课堂实录

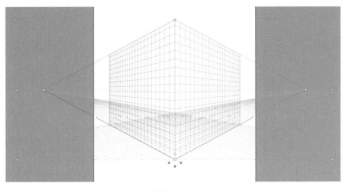

图 4-46

图 4-47

单击平面切换构件中的 × 号或按 Esc 键可以隐藏透视网格。

使用透视网格工具拖动透视网格各个区域的控制手柄可以对透视网格的角度和密度进行调整。

单击并拖动底部的水平网格平面控制手柄,可以改变平面部分的透视效果,如图 4-48 所示。单击并向右拖动左侧消失点控制柄,可以调整左侧网格的透视状态,如图 4-49所示。

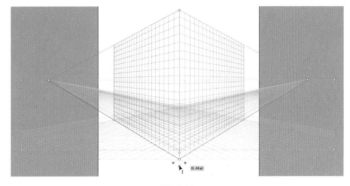

图 4-48

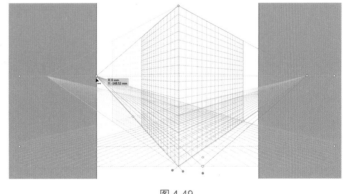

图 4-49

■ 4.3.2　创建透视对象

在透视网格开启的状态下,绘制的图形将自动沿当前网格平面进行变形;也可以使用"透视选区工具",选中需要透视的图形,按住鼠标左键直接拖动进入网格中,即可进行透视变形。

执行"对象"|"透视"|"通过透视释放"命令,图形将不再进行透视变形。

4.4　对象的管理

通过命令对图形做出排序、编组、对齐与分布、锁定与隐藏等操作,可以更有效地管理画板中的图形对象,使画面更加整洁。下面将针对对象的管理进行介绍。

■ 4.4.1 复制、剪切、粘贴

复制、剪切与粘贴是相辅相成的命令，执行了复制或剪切命令，才可以进行粘贴；若不粘贴，那么执行了复制或剪切命令也没有意义。

选中画板中的图形，执行"编辑"|"复制"命令，或按 Ctrl+C 组合键，即可复制所选对象，如图 4-50 所示。接着执行"编辑"|"粘贴"命令，或按 Ctrl+V 组合键，此时将复制的对象粘贴在画板中，如图 4-51 所示。

图 4-50　　　　　　　　　　　　　　图 4-51

若选中对象后执行"编辑"|"剪切"命令，或按 Ctrl+X 组合键，被剪切的对象将从画面中消失，如图 4-52 所示。接着执行"编辑"|"粘贴"命令，被剪切的对象就会被粘贴在画板中，如图 4-53 所示。

图 4-52　　　　　　　　　　　　　　图 4-53

Illustrator 软件中有多种粘贴方式。单击菜单栏中的"编辑"按钮，在下拉菜单中可以看到五种不同的"粘贴"命令，如图 4-54 所示。

下面，将针对这五种命令的作用进行介绍：

◎ 粘贴：将图像复制或剪切到剪贴板，执行"编辑"|"粘贴"命令或按 Ctrl +V 组合键，即可将剪贴板中的内容粘贴到当前文档中。

粘贴(P)	Ctrl+V
贴在前面(F)	Ctrl+F
贴在后面(B)	Ctrl+B
就地粘贴(S)	Shift+Ctrl+V
在所有画板上粘贴(S)	Alt+Shift+Ctrl+V

图 4-54

◎ 贴在前面：执行"编辑"|"贴在前面"命令或按 Ctrl+F 组合键，将对象粘贴到文档中原始对象所在的位置，并将其置于当前层上对象堆叠的顶层。

◎ 贴在后面：执行"编辑"|"贴在后面"命令或按 Ctrl+B 组合键，图形将被粘贴到对象堆叠的底层或紧跟在选定对象之后。

◎ 就地粘贴：执行"编辑"|"就地粘贴"命令或按 Ctrl+Shift+V 组合键，可以将图像粘贴到现用的画板中。

Adobe Illustrator CC 课堂实录

◎ 在所有画板上粘贴：在剪切或复制图像后，执行"编辑"|"在所有画板上粘贴"命令或按 Alt+Shift+Ctrl+V 组合键，将所选的图像粘贴到所有画板上。

4.4.2 对齐与分布对象

"对齐"面板可以帮助用户对齐或分布选中的多个图形，使画板更加整洁。执行"窗口"|"对齐"命令，打开"对齐"面板，如图 4-55 所示。

其中，"对齐"面板各按钮作用如下：

◎ 水平左对齐 ▐▌：单击该按钮时，选中的对象将以最左侧的对象为基准，将所有对象的左边界调整到一条基线上。

◎ 水平居中对齐 ▐▌：单击该按钮时，选中的对象将以中心的对象为基准，将所有对象的垂直中心线调整到一条基线上。

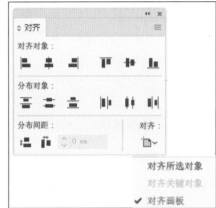

图 4-55

◎ 水平右对齐 ▐▌：单击该按钮时，选中的对象将以最右侧的对象为基准，将所有对象的右边界调整到一条基线上。

◎ 顶部对齐 ▐▌：单击该按钮时，选中的对象将以顶部的对象为基准，将所有对象的上边界调整到一条基线上。

◎ 垂直居中对齐 ▐▌：单击该按钮时，选中的对象将以水平的对象为基准，将所有对象的水平中心线调整到一条基线上。

◎ 底部对齐 ▐▌：单击该按钮时，选中的对象将以底部的对象为基准，将所有对象的下边界调整到一条基线上。

◎ 垂直顶部分布 ▐▌：单击该按钮时，将平均每一个对象顶部基线之间的距离。

◎ 垂直居中分布 ▐▌：单击该按钮时，将平均每一个对象水平中心基线之间的距离。

◎ 垂直底部分布 ▐▌：单击该按钮时，将平均每一个对象底部基线之间的距离。

◎ 水平左分布 ▐▌：单击该按钮时，将平均每一个对象左侧基线之间的距离。

◎ 水平居中分布 ▐▌：单击该按钮时，将平均每一个对象垂直中心基线之间的距离。

◎ 水平右分布 ▐▌：单击该按钮时，将平均每一个对象右侧基线之间的距离。

◎ 对齐所选对象：相对于所有选定对象的定界框进行对齐或分布。

◎ 对齐关键对象：相对于一个关键对象进行对齐或分布。

◎ 对齐画板：将所选对象按照当前的画板进行对齐或分布。

4.4.3 编组对象

编组可以组合多个对象，方便管理与操作。选中需要编组的对象，执行"对象"|"编组"命令，或打开 Ctrl+G 组合键，或直接在画板中单击鼠标右键执行"编组"命令，即可将对象编组。

若要将编组后的对象取消编组，可以选中编组后的对象，执行"对象"|"取消编组"命令，或打开 Ctrl+Shift+G 组合键，或直接在画板中单击鼠标右键执行"取消编组"命令，即可取消编组。

> **知识点拨**
>
> 使用"编组选择工具" ▷，或双击编组对象进入编组隔离模式，才可以选择组内的单个对象。

■ 4.4.4 锁定对象

锁定对象可以保护该对象不被选中与编辑，同时方便其他对象的编辑与处理。

选中要锁定的对象，执行"对象"|"锁定"|"所选对象"命令，或按 Ctrl+2 组合键，即可锁定选择对象。若要取消锁定，执行"对象"|"全部解锁"命令，或按 Ctrl+Alt+2 组合键即可解锁文档中的所有锁定对象。

> **知识点拨**
>
> 执行"窗口"|"图层"命令，在弹出的"图层"面板中单击要解锁的对象前方的"锁定图标" 🔒，可以单独解锁某一对象。

■ 4.4.5 隐藏对象

在 Illustrator 软件中，被隐藏的对象不可见、不可选中，也不能被打印出来。但该对象依然存在于文档中，通过取消隐藏操作可以重新将其显示出来。

选中要隐藏的对象，如图 4-56 所示。执行"对象"|"隐藏"|"所选对象"命令，或按 Ctrl+3 组合键，即可将所选对象隐藏，如图 4-57 所示。

图 4-56   图 4-57

若要显示隐藏的对象，执行"对象"|"显示全部"命令，或按 Ctrl+Alt+3 组合键，即可将全部的隐藏对象显示出来。

> **知识点拨**
>
> 执行"窗口"|"图层"命令，在弹出的"图层"面板中单击要显示的对象前方的"隐藏图标" 👁，可以单独显示某一对象。

■ 4.4.6 对象的排列顺序

"排列"命令可以更改对象在画板中的堆叠顺序，调整作品效果。

选中要调整顺序的对象，如图 4-58 所示。执行"对象"|"排列"命令，在其子菜单中包含多个可以用于调整对象排列顺序的命令，执行相应的命令后即可调整选中对象的排列顺序，如图 4-59 所示。

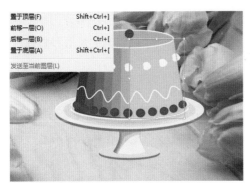

图 4-58　　　　　　　　　　　　　　　　　图 4-59

下面将针对其子菜单中的命令进行介绍：

◎ 执行"对象"|"排列"|"置于顶层"命令，将对象移到其组或图层中的顶层位置。

◎ 执行"对象"|"排列"|"前移一层"命令，将对象按堆叠顺序向前移动一个位置。

◎ 执行"对象"|"排列"|"后移一层"命令，将对象按堆叠顺序向后移动一个位置。

◎ 执行"对象"|"排列"|"置于底层"命令，将对象移至组或图层中的底层位置。

■ 实例：绘制小清新背景图

下面练习制作小清新背景图。

Step01　打开 Illustrator 软件，执行"文件"|"新建"命令，打开"新建文档"对话框，在该对话框中设置参数，如图 4-60 所示。完成后单击"创建"按钮，新建文档。

Step02　使用"矩形工具" ▫ 在画板中绘制一个与画板等大的矩形，在控制栏中设置填充和描边属性，效果如图 4-61 所示。

Step03　继续使用"矩形工具" ▫ 在画板中绘制矩形，在控制栏中设置填充和描边属性，效果如图 4-62 所示。

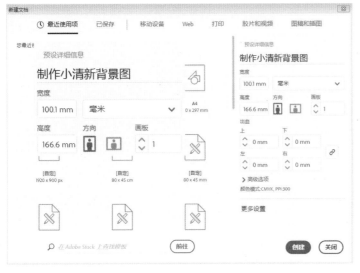

图 4-60　　　　　　　　　　　　　　图 4-61　　　　图 4-62

Step04 选中上述步骤中绘制的两个矩形，执行"窗口"|"对齐"命令，在打开的"对齐"面板中选择"对齐画板"按钮，单击"垂直居中对齐" ⊪ 按钮和"水平居中对齐" ⊪ 按钮，使绘制的矩形和画板居中对齐，如图 4-63 所示。

Step05 使用相同的方法绘制矩形并保持居中对齐，如图 4-64 所示。

Step06 执行"文件"|"置入"命令，置入本章素材"装饰 .png"，如图 4-65 所示。

Step07 选中置入的素材对象，按住 Alt 键拖动复制，并调整其大小，效果如图 4-66 所示。

Step08 使用"矩形网格工具"绘制网格作为装饰，在控制栏中设置"不透明度"为 30%，效果如图 4-67 所示。

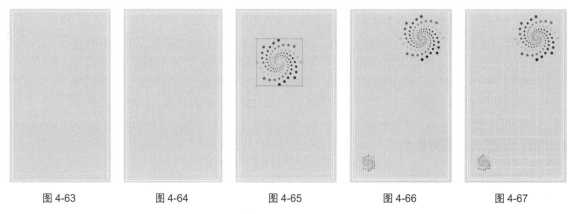

| 图 4-63 | 图 4-64 | 图 4-65 | 图 4-66 | 图 4-67 |

至此，完成小清新背景图的制作。

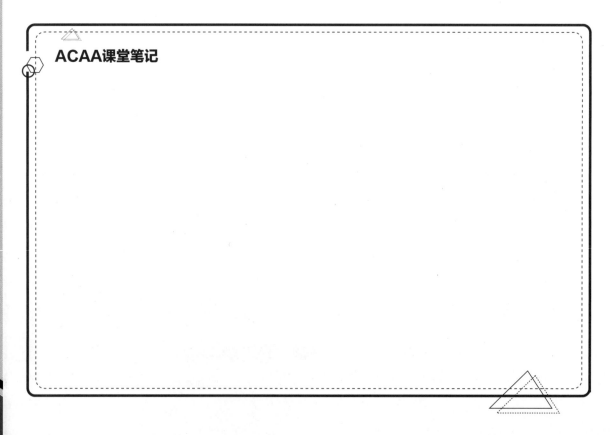

ACAA课堂笔记

课堂实战：绘制可爱猫头鹰插画

下面练习绘制可爱猫头鹰插画。

Step01 打开 Illustrator 软件，执行"文件"｜"新建"命令，打开"新建文档"对话框，在该对话框中设置参数，如图 4-68 所示。完成后单击"创建"按钮，新建文档。

Step02 使用"矩形工具" ▢ 在画板中绘制一个与画板等大的矩形，在控制栏中设置填充和描边属性，效果如图 4-69 所示。按 Ctrl+2 组合键锁定该矩形。

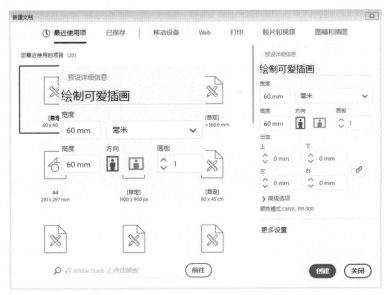

图 4-68

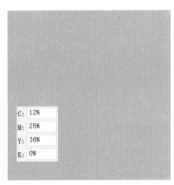

图 4-69

Step03 单击工具箱中的"椭圆工具" ⬭ 按钮，在画板中绘制椭圆，如图 4-70 所示。

Step04 使用"直接选择工具" ▷ 调整椭圆形状，如图 4-71 所示。

Step05 选中绘制的椭圆，按 R 键切换至"旋转工具" ↻，按住 Alt 键移动旋转中心点至合适位置，在弹出的"旋转"对话框中设置参数，如图 4-72 所示。完成后单击"复制"按钮，效果如图 4-73 所示。

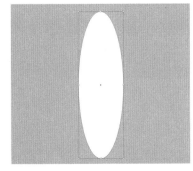

图 4-70

图 4-71

图 4-72

图 4-73

Step06 按 Ctrl+D 组合键重复上步操作，重复几次，效果如图 4-74 所示。

Step07 选中对象，按 Ctrl+G 组合键编组对象，如图 4-75 所示。

图 4-74　　　　　　　　　　　　　　　　图 4-75

Step08 选中编组对象，按住 Alt 键拖动复制对象，如图 4-76 所示。重复多次，效果如图 4-77 所示。

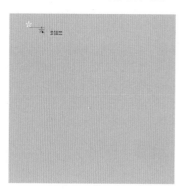 

图 4-76　　　　　　　　　　　　　　　　图 4-77

Step09 在画板外使用"钢笔工具" 绘制叶形路径，在控制栏中设置填充和描边，效果如图 4-78 所示。

Step10 选中绘制的叶形路径，单击工具箱中的"镜像工具" 按钮，按住 Alt 键移动镜像中心点至合适位置，在弹出的"镜像"对话框中设置参数，如图 4-79 所示。

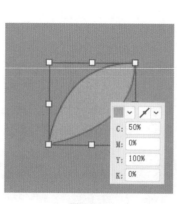 

图 4-78　　　　　　　　　　　　　　　　图 4-79

Step11 完成后单击"复制"按钮，效果如图 4-80 所示。

Step12 选中复制对象，双击"标准的 Adobe 颜色控制组件"中的"填色"□按钮，在弹出的"拾色器"对话框中设置合适的颜色，效果如图 4-81 所示。

Step13 选中两个叶形路径，按 Ctrl+G 组合键编组对象。执行"窗口"|"画笔"命令，打开"画笔"面板，如图 4-82 所示。

图 4-80

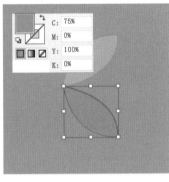

图 4-81

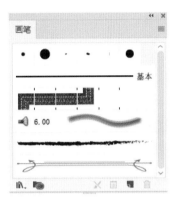

图 4-82

Step14 单击"画笔"面板中的"新建画笔"□按钮，在弹出的"新建画笔"对话框中设置类型为"图案画笔"，打开"图案画笔选项"对话框并设置参数，如图 4-83 所示。完成后单击"确定"按钮。

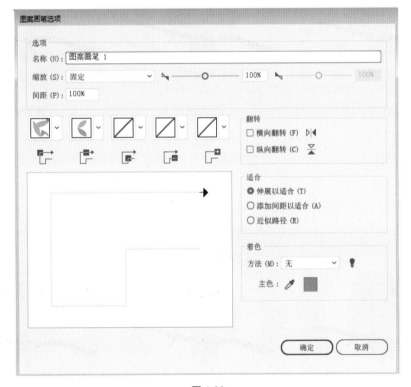

图 4-83

Step15 按住 Shift 键使用"椭圆工具"○绘制正圆，在控制栏中设置描边和填色，效果如图 4-84 所示。

Step16 使用"钢笔工具"✔绘制路径，如图 4-85 所示。

Step17 继续使用"钢笔工具" ✐ 绘制路径，如图 4-86 所示。

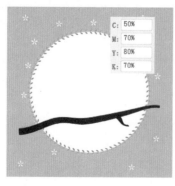

图 4-84 　　　　　　　　　　　图 4-85 　　　　　　　　　　　图 4-86

Step18 使用相同的方法绘制路径，并调整图层顺序，效果如图 4-87 所示。

Step19 按住 Shift 键使用"椭圆工具" ◎ 绘制正圆，在控制栏中设置描边和填色，效果如图 4-88 所示。

Step20 使用"钢笔工具" ✐ 绘制路径，如图 4-89 所示。

图 4-87 　　　　　　　　　　　图 4-88 　　　　　　　　　　　图 4-89

Step21 选中新绘制的路径，按住 Alt 键向右拖动复制，重复一次，如图 4-90 所示。

Step22 选中新绘制和复制的路径，在"对齐"面板中单击"垂直居中对齐" ⊪ 按钮和"水平居中分布" ⊪ 按钮，效果如图 4-91 所示。

Step23 选中新绘制路径中的两个，按住 Alt 键向下拖动复制，效果如图 4-92 所示。

图 4-90 　　　　　　　　　　　图 4-91 　　　　　　　　　　　图 4-92

Step24 重复复制一个路径，如图 4-93 所示。

Step25 选中第一层的三个路径，按 Ctrl+G 组合键编组对象。选中第二层的两个路径，按 Ctrl+G 组合键编组对象，如图 4-94 所示。

Step26 选中三层路径，在"对齐"面板中单击"垂直居中分布" 按钮，效果如图 4-95 所示。

图 4-93

图 4-94

图 4-95

至此，完成可爱插画的绘制。

课后作业

一、填空题

1. 使用宽度工具添加节点后，路径两边的宽度可以分开调节，按住_____可以调节单边的宽度。

2. 选择混合对象，执行_____命令，可以将混合对象分割为一系列独立的个体。

3. 选中对象后，按_____组合键可以锁定选中对象，保护该对象不被选中与编辑。

二、选择题

1. 关于宽度工具的使用，下列说法正确的是（ ）。

A. 宽度工具的节点一旦添加，无法删除

B. 宽度工具节点添加的位置一旦确定，无法移动

C. 宽度工具在添加节点后，路径左右两边的宽度可以分开调节，按住 Shift 键可以调节单边的宽度

D. 宽度工具可以添加宽度为 0 的宽度描边

2. 下列关于混合对象描述正确的是（ ）。

A. 混合后的对象是一个图形组，可以执行"对象"｜"取消编组"命令将其解组

B. 渐变对象无法添加混合

C. 无法对网格对象施加混合

D. 混合一旦建立就无法解除

3. 单击"对齐"面板中的"对齐画板" 按钮后，下列关于对齐与分布对象的描述正确的是（ ）。

A. 至少选中两个对象才能使用对齐命令

B. 至少选中三个对象才能使用对齐命令

C. 至少选中两个对象才能使用分布命令

D. 至少选中三个对象才能使用分布命令

4. 下列有关图形的前后关系描述不正确的是（　　　）。

A. 同一图层上先绘制的图形一般在后绘制的图形的前面

B. 在默认情况下，同一图层上先绘制的图形在后绘制的图形的后面

C. "置于顶层"命令可将所选图形放到同一图层上所有图形的最上面

D. "置于底层"命令可将所选图形放到同一图层上所有图形的最下面

5. 选中图形对象，按 Ctrl+C 组合键复制后，按（　　　）组合键可以将复制对象贴在前面。

A. Ctrl+V   B. Ctrl+F   C. Ctrl+B   D. Shift+F

三、操作题

1. 制作立体字效果

（1）立体字效果如图 4-96 所示。

（2）操作思路。

◎ 置入背景素材；

◎ 输入文字并创建轮廓，在底部调整不透明度；

◎ 创建混合效果；

◎ 在顶层复制文字轮廓并调整描边填色效果。

图 4-96

2. 绘制相框效果

（1）为图像添加相框的效果如图 4-97 所示。

（2）操作思路。

◎ 绘制矩形，复制并缩小，创建复合路径；

◎ 使用皱褶工具在内框上涂抹制造褶皱感；

◎ 置入素材对象，创建剪切蒙版，并添加投影效果；

◎ 置入照片素材并调整至合适大小。

图 4-97

Adobe Illustrator CC 课堂实录

第章

填充与描边详解

内容导读

　　色彩是平面设计中的核心因素，Illustrator 软件中的填充和描边可以帮助用户为创作的作品赋予色彩，呈现更好的视觉效果。下面将对此进行介绍。

学习目标

　　» 掌握填充和描边的方法；

　　» 学会设置填充和描边；

　　» 学会编辑并应用渐变。

5.1 填充与描边

填充可以为图形内部添加颜色、渐变或图案，描边可以为图形轮廓添加颜色、渐变或图案，也可以设置图形轮廓的宽度、样式、形态等。

■ 5.1.1 填充

填充可以在图形对象、开放路径和文字内部填充颜色、渐变或图案样式。Illustrator 软件中的填充包括单色填充、渐变填充和图案填充三种。如图 5-1~ 图 5-3 所示分别为单色填充、渐变填充、图案填充的效果。

图 5-1　　　　　　　　　图 5-2　　　　　　　　　图 5-3

除了这三种填充效果，Illustrator 软件中还可以通过"网格工具" 和"实时上色工具" 为对象填充复杂的颜色效果。

"网格工具" 可以在矢量图形上增加网格点，通过调整网格点参数来调整整个对象的填充效果；"实时上色工具" 可以对路径围合的区域进行填充，选中对象后单击需要填充颜色的区域即可以当前设置的颜色填充该区域，如图 5-4 和图 5-5 所示分别为使用"网格工具" 和"实时上色工具" 填色的效果。

图 5-4　　　　　　　　　　　　图 5-5

ACAA课堂笔记

Adobe Illustrator CC 课堂实录

■ 实例：制作绘画教室标志

下面通过填充与描边的相关知识制作绘画教室标志。

Step01 打开 Illustrator 软件，执行"文件"|"新建"命令，打开"新建文档"对话框，设置参数如图 5-6 所示。完成后单击"创建"按钮，新建文档，如图 5-7 所示。

Step02 单击工具箱中的"钢笔工具" ✐ 按钮，在控制栏中设置参数后，在画板中绘制路径，如图 5-8 所示。

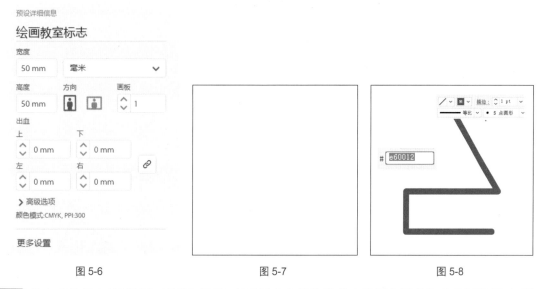

图 5-6   图 5-7   图 5-8

Step03 单击工具箱中的"椭圆工具" ◯ 按钮，在画板中合适位置单击鼠标左键并拖动绘制椭圆，如图 5-9 所示。

Step04 使用"直接选择工具" ▷ 调整椭圆锚点，效果如图 5-10 所示。

Step05 按住 Shift 键，使用"直线段工具" ╱ 在画板中合适位置单击并拖动绘制直线段，效果如图 5-11 所示。

图 5-9   图 5-10   图 5-11

Step06 使用相同的方法绘制直线，效果如图 5-12 所示。

Step07 使用"文字工具" **T** 在画板中单击并输入文字，如图 5-13 所示。

Step08 选中文字，使用"吸管工具" ✐ 拾取椭圆的颜色样式，效果如图 5-14 所示。

图 5-12   图 5-13   图 5-14

至此，完成绘画教室标志的制作。

■ 5.1.2 描边

描边可以为矢量对象或文字对象的轮廓边缘添加纯色、渐变或图案效果，如图 5-15~ 图 5-17 所示分别为单色描边、渐变描边、图案描边的效果。

图 5-15   图 5-16   图 5-17

Illustrator 软件中，用户不仅可以更改描边的颜色，还可以在选中对象的控制栏中设置描边的样式，如图 5-18~ 图 5-20 所示为不同描边样式的效果。

图 5-18   图 5-19   图 5-20

5.2 设置填充和描边

在使用Illustrator软件的过程中,用户可以通过多种方法设置对象的填充与描边,主要包括使用"标准的Adobe 颜色控制组件"进行设置、使用"颜色"面板进行设置、使用"色板"面板进行设置三种,下面将针对这几种方式进行介绍。

■ 5.2.1 标准 Adobe 颜色控制组件的使用

通过工具箱底部的"标准的Adobe颜色控制组件"按钮设置填充与描边是最快捷的方式,用户可以设置所选对象的填充和描边颜色,也可以设置即将创建的对象的描边和填充属性。

其中,"标准的Adobe颜色控制组件"中各按钮的作用介绍如下:

◎ 填色：双击该按钮,可以在弹出的"拾色器"对话框中选择填充颜色。

◎ 描边：双击该按钮,可以在弹出的"拾色器"对话框中选择描边颜色。

◎ 互换填色和描边：单击该按钮,可以互换填充和描边之间的颜色。

◎ 默认填色和描边：单击该按钮,可以恢复默认颜色设置（白色填充和黑色描边）。

◎ 颜色：单击该按钮,可以将上次的颜色应用于具有渐变填充或者没有描边或填充的对象。

◎ 渐变：单击该按钮,可以将当前选择的路径更改为上次选择的渐变。

◎ 无：单击该按钮,可以删除选定对象的填充或描边。

■ 5.2.2 颜色面板的使用

通过"颜色"面板可以对矢量对象进行单一颜色的填充或描边操作。执行"窗口"|"颜色"命令或按F6快捷键,即可打开"颜色"面板,如图5-21所示。

> **知识点拨**
>
> "颜色"面板中的五种颜色模式,仅影响"颜色"面板的显示,并不更改文档的颜色模式。

图 5-21

选中需要填充或描边的路径,在"颜色"面板中根据需要单击填色或描边按钮,拖动颜色滑块,或直接在色谱中拾取颜色,即可为选中的路径添加填充或描边,如图5-22~图5-24所示。

图 5-22

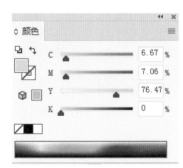

图 5-23

图 5-24

第5章 填充与描边详解

105

■ 5.2.3 色板面板的使用

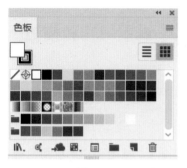

图 5-25

"色板"面板可以设置矢量对象的填充或描边。与"颜色"面板不同的是，该面板还可以选择渐变色或者图案进行填充或描边。执行"窗口"|"色板"命令，打开"色板"面板，如图 5-25 所示。

下面将针对"色板"面板的用法作出详细讲解。

1. 填充单色

选中需要填充颜色的矢量对象，打开"色板"面板，使"色板"面板中的"填色"□按钮处于"描边"▣按钮的上方，单击某一颜色，即可为选中的对象填充该颜色，如图 5-26 和图 5-27 所示。

图 5-26

图 5-27

也可以双击"填色"□按钮，打开"拾色器"对话框，选取合适的颜色进行填充。

2. 填充渐变色

选中需要填充渐变色的矢量对象，单击"色板"面板下方的"显示色板类型菜单"▦.按钮，弹出下拉菜单，执行"显示渐变色板"命令，如图 5-28 所示。选择一个渐变色，效果如图 5-29 所示。

图 5-28

图 5-29

3. 填充图案

选中需要填充图案的矢量对象，单击"色板"面板下方的"显示色板类型菜单"▦.按钮，弹出下拉菜单，执行"显示图案色板"命令，如图 5-30 所示。选择合适的图案，效果如图 5-31 所示。

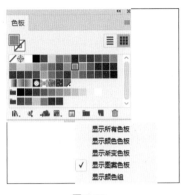

图 5-30

图 5-31

4. 色板选项

若在"色板"面板中没有找到想要的效果,可以任选一个颜色,单击"色板"面板底部的"色板选项"按钮,打开"色板选项"对话框,在该对话框中可对色板名称、颜色类型、颜色模式等参数进行设置或修改,如图 5-32 所示。

5. 色板库菜单

除了"色板"面板中显示的颜色、渐变和图案,用户还可以通过"色板库"选择更多的颜色、渐变和图案。

执行"窗口"|"色板库"命令,可以查看色板库列表,如图 5-33 所示。也可以直接单击"色板"面板底部的"色板库"菜单按钮,打开色板库列表如图 5-34 所示。

选择一个色板库后,会弹出相应的色板库面板,使用方法与"色板"面板相同。

图 5-32

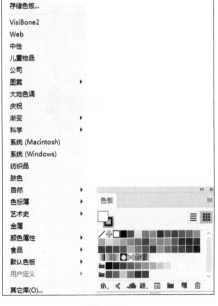

图 5-33

图 5-34

5.3 渐变的编辑与使用

渐变是两种或两种以上颜色过渡的效果。Illustrator软件中包括线性渐变、径向渐变两种渐变类型。下面将针对渐变的编辑与使用进行介绍。

■ 5.3.1 渐变面板的使用

执行"窗口"|"渐变"命令，弹出"渐变"面板，在面板中可以设置渐变的类型、角度、颜色、位置等，如图 5-35 所示。通过"渐变"面板，可以为对象赋予渐变效果或更改已有对象的渐变。

> **知识点拨**
>
> "渐变"面板中的"角度"可以设置渐变的角度；"长宽比"可以设置径向渐变的长宽比，调整至椭圆的形态；"描边"可以设置带有转角对象的描边应用渐变的位置。

图 5-35

选中要添加渐变的对象，打开"渐变"面板，使"渐变"面板中的"填色"按钮处于"描边"按钮的上方，然后单击渐变缩略图，赋予对象默认的渐变效果，如图 5-36 所示。双击"渐变滑块"，在弹出的面板中可以调整该滑块的颜色，如图 5-37 所示。

图 5-36

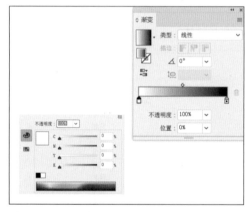

图 5-37

> **知识点拨**
>
> 若双击"渐变滑块"弹出的面板中只有灰度色，可以在弹出的面板中单击右上角的"菜单"按钮，选择其他颜色模式即可。

在渐变滑块之间单击可以添加渐变滑块，创建更为丰富的渐变效果，如图 5-38 和图 5-39 所示。若想删除多余的渐变滑块，选中后单击"删除"按钮即可，如图 5-40 所示。

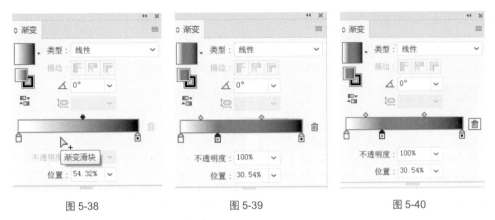

图 5-38　　　　　　　　　　　　图 5-39　　　　　　　　　　　　图 5-40

在"渐变"面板的"类型"列表中可以选择线性渐变和径向渐变两种类型，效果分别如图 5-41 和图 5-42 所示。

图 5-41　　　　　　　　　　　　　　　图 5-42

■ 5.3.2　调整渐变形态

"渐变"面板为图形填充渐变后，选用"渐变工具" ■ 可以调整图形渐变的角度、位置和范围。

1. 渐变控制器的使用

选中需要渐变填充的图形，单击工具箱中的渐变工具，即可看到渐变批注者，也常被称为渐变控制器，如图 5-43 所示。单击渐变控制器，即可调节其渐变颜色，如图 5-44 所示。

图 5-43　　　　　　　　　　　　　　图 5-44

2. 渐变控制器的长度调节

使用渐变控制器时，移动鼠标至右侧，当鼠标箭头变为方形箭头，可调节渐变控制器的长度，如图 5-45 所示。释放鼠标后，渐变也会随之改变，效果如图 5-46 所示。

图 5-45   图 5-46

3. 渐变控制器的方向调节

移动鼠标至渐变控制器右侧，当鼠标箭头变为旋转箭头，可调节渐变控制器的方向，如图 5-47 所示。释放鼠标后，渐变的方向也会发生变化，如图 5-48 所示。

图 5-47   图 5-48

知识延伸

> 执行"视图"|"隐藏渐变批注者"或"视图"|"显示渐变批注者"命令可以控制渐变批注者的显示和隐藏。

■ 5.3.3 设置对象描边属性

颜色、路径宽度和画笔样式三部分构成了对象的描边属性。描边颜色可以在工具箱中进行设置，也可以结合"色板"面板、"颜色"面板或者"渐变"面板进行设置。

单击控制栏中的"描边"按钮，即可显示下拉面板，如图 5-49 所示。也可以执行"窗口"|"描边"命令，打开"描边"面板，如图 5-50 所示。在"描边"面板中，可对路径描边的属性进行设置。

"描边"面板中各个选项作用如下：

◎ 粗细：用于设置描边的粗细程度。

◎ 端点：用于设置开放线段两端端点的样式，分为平头端点、圆头端点、方头端点三种。

◎ 边角：用于设置直线段改变方向（拐角）的地方的类型，分为斜切连接、圆角连接、斜角连接三种。

◎ 限制：用于设置超过指定数值时扩展倍数的描边粗细。

◎ 对齐描边：用于定义描边和细线为中心对齐的方式。

◎ 虚线：用于将描边变为虚线效果。勾选该复选框，在虚线和间隙文本框中输入数值，定义虚线中线段的长度和间隙的长度即可。

◎ 箭头：用于设置路径始点和终点的样式。

◎ 缩放：用于设置路径两端箭头的百分比大小。

◎ 对齐：用于设置箭头位于路径终点的位置。

◎ 配置文件：用于设置路径的变量宽度和翻转方向。

图 5-49　　　　　图 5-50

知识点拨

保留虚线和间隙的精确长度 [::]：可以在不对齐的情况下保留虚线外观。

使虚线与边角和路径终端对齐，并调整到适合长度 [::]：可让各角的虚线和路径的尾端保持一致并可预见。

■ **实例：制作个人名片**

下面通过渐变的相关知识制作个人名片。

Step01 打开 Illustrator 软件，执行"文件"|"新建"命令，打开"新建文档"对话框，设置参数如图 5-51 所示。完成后单击"创建"按钮，新建文档。

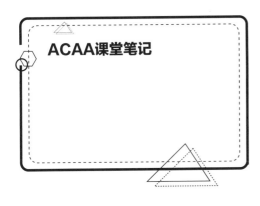

ACAA课堂笔记

图 5-51

Step02 使用"矩形工具" ■.在画板 1 中绘制一个与画板等大的矩形，如图 5-52 所示。

Step03 选中绘制的矩形，执行"窗口"|"渐变"命令，打开"渐变"面板，单击渐变缩略图，为矩形添加默认的渐变效果，如图 5-53 所示。

Step04 双击"渐变滑块" ■，在弹出的面板中调整滑块颜色，如图 5-54 所示。

图 5-52

图 5-53

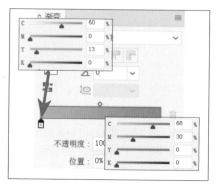

图 5-54

Step05 此时选中的矩形效果如图 5-55 所示。

Step06 选中"渐变工具" ■ 调整渐变，效果如图 5-56 所示。

图 5-55

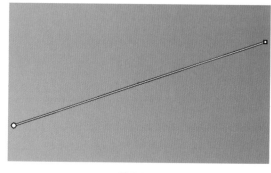

图 5-56

Step07 使用"钢笔工具" ✐ 绘制路径，在控制栏中设置填充和描边，如图 5-57 所示。

Step08 执行"文件"|"打开"命令，打开本章素材文件"标志 .ai"，如图 5-58 所示。

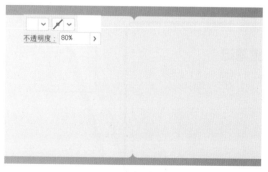

图 5-57

图 5-58

Step09 选中标志图形，按 Ctrl+C 组合键复制，切换至"制作个人名片"文档，按 Ctrl+V 组合键粘贴，调整至合适位置，如图 5-59 所示。

Step10 使用"直线段工具" ╱ 在画板中绘制直线，调整其描边为渐变，如图 5-60 所示。

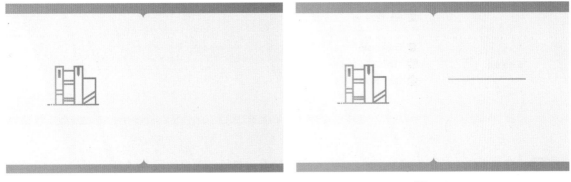

图 5-59　　　　　　　　　　　　　　　　　　图 5-60

Step11 执行"窗口"|"符号库"|"网页图标"命令，打开"网页图标"面板，如图 5-61 所示。在该面板中选择合适的符号拖动至画板中，并调整至合适大小，如图 5-62 所示。

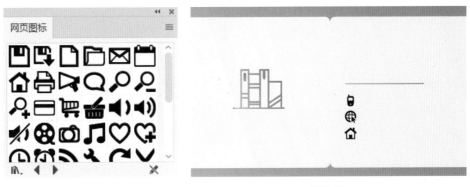

图 5-61　　　　　　　　　　　　　　　　　　图 5-62

Step12 单击工具箱中的"文字工具" **T** 按钮，移动鼠标至画板中合适位置单击，在控制栏中设置参数并输入文字，如图 5-63 所示。

Step13 选中"主编"二字，在控制栏中调整参数，效果如图 5-64 所示。

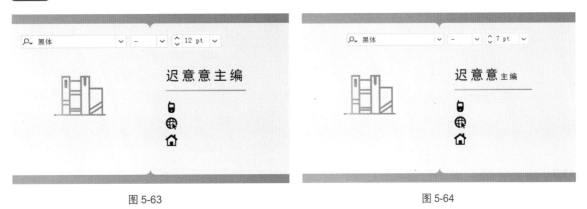

图 5-63　　　　　　　　　　　　　　　　　　图 5-64

Step14 使用相同的方法，在画板中输入文字，如图 5-65 所示。至此完成名片正面制作。

Step15 选中最下方的矩形、书形路径和标志，按住 Alt 键向右拖动至画板 2 中，如图 5-66 所示。

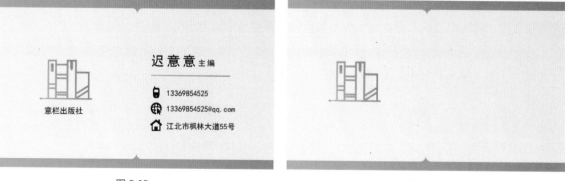

图 5-65　　　　　　　　　　　　　　　　图 5-66

Step16 选中画板 2 中的矩形对象，在控制栏中设置填充为白色，效果如图 5-67 所示。

Step17 选中画板 2 中的书形路径，使用"吸管工具"在画板 1 中的矩形上单击吸取颜色，效果如图 5-68 所示。

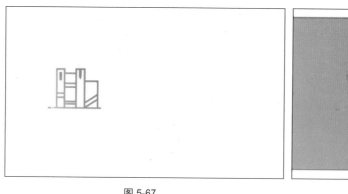　　　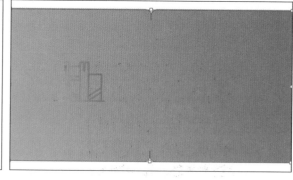

图 5-67　　　　　　　　　　　　　　　　图 5-68

Step18 选中画板 2 中的标志，在控制栏中设置填充为白色，按住 Shift+Alt 组合键拖动等比例缩放标志，并移动至合适位置，如图 5-69 所示。

Step19 使用"文字工具"T 在画板中输入文字，效果如图 5-70 所示。

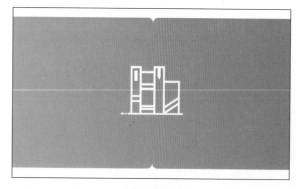　　　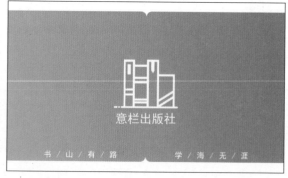

图 5-69　　　　　　　　　　　　　　　　图 5-70

至此，完成个人名片制作。

课堂实战：制作手机端登录界面

下面通过本章学习的知识制作手机端登录界面。

Step01 打开 Illustrator 软件，执行"文件"|"新建"命令，打开"新建文档"对话框，设置参数如图 5-71 所示。完成后单击"创建"按钮，新建文档。

Step02 使用"矩形工具" 在画板中绘制一个与画板等大的矩形，如图 5-72 所示。

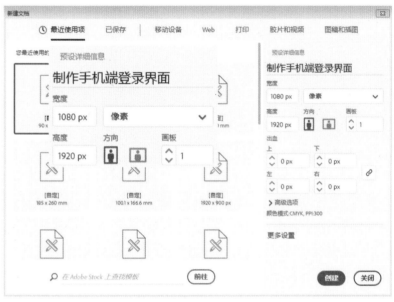

图 5-71

图 5-72

Step03 选中绘制的矩形，执行"窗口"|"渐变"命令，打开"渐变"面板，单击渐变缩略图，双击"渐变滑块" ，在弹出的面板中调整渐变颜色，如图 5-73 所示。

Step04 调整完渐变后效果如图 5-74 所示。选中"渐变工具" 调整渐变方向，效果如图 5-75 所示。

Step05 按住 Shift 键使用"椭圆工具"在画板中绘制正圆，如图 5-76 所示。

Step06 选中绘制的正圆，在"渐变"面板中调整参数，效果如图 5-77 所示。

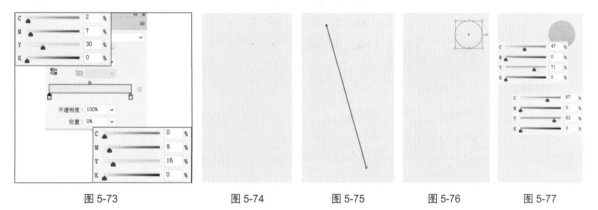

图 5-73　　　　　图 5-74　　　　　图 5-75　　　　　图 5-76　　　　　图 5-77

Step07 使用相同的方法绘制其他渐变正圆，并调整不同的透明度，效果如图 5-78 所示。

Step08 使用"矩形工具" 在画板中绘制一个与画板等大的矩形，如图 5-79 所示。

Step09 选中新绘制的矩形与正圆对象，单击鼠标右键，在弹出的快捷菜单中执行"建立剪切蒙版"命令，效果如图 5-80 所示。

Step10 使用"圆角矩形工具" ▭ 在画板中绘制圆角矩形，在控制栏中设置"填充"为白色，"描边"为无，效果如图 5-81 所示。

Step11 选中新绘制的圆角矩形，在控制栏中设置"不透明度"为 30％，效果如图 5-82 所示。

    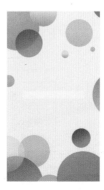

图 5-78　　　　　　图 5-79　　　　　　图 5- 80　　　　　　图 5-81　　　　　　图 5-82

Step12 使用"直线段工具" ╱ 在画板中绘制直线，调整其描边为黑色，如图 5-83 所示。

Step13 选中绘制的直线路径和圆角矩形，按住 Alt 键向下拖动至合适位置，如图 5-84 所示。

Step14 执行"窗口"|"符号库"|"移动"命令，打开"移动"面板，如图 5-85 所示。

Step15 在"移动"面板中选择"锁定 - 橙色"符号拖动至画板中，如图 5-86 所示。

Step16 选中置入的符号，单击控制栏中的"断开链接"按钮，将符号转换为矢量对象，并删除多余部分，如图 5-87 所示。

    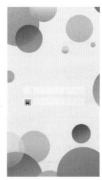

图 5-83　　　　　　图 5-84　　　　　　图 5-85　　　　　　图 5-86　　　　　　图 5-87

Step17 选中符号剩余部分，调整至合适大小，执行"窗口"|"色板"命令，在打开的"色板"面板中选择 70％灰色，效果如图 5-88 所示。

Step18 使用相同的方法，置入"用户 - 橙色"符号并调整其参数，效果如图 5-89 所示。

Step19 使用"圆角矩形工具" ▭ 在画板中绘制圆角矩形，设置填充为渐变，如图 5-90 所示。

Step20 单击工具箱中的"文字工具" T 按钮，移动鼠标至画板中合适位置单击，在控制栏中设置参数并输入文字，如图 5-91 所示。

Step21 使用相同的方法输入其他文字，如图 5-92 所示。

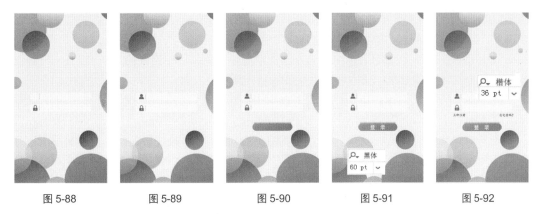

| 图 5-88 | 图 5-89 | 图 5-90 | 图 5-91 | 图 5-92 |

Step22 执行"文件"|"置入"命令，置入本章素材"标志2.png"，并调整至合适大小与位置，如图5-93所示。

Step23 使用"文字工具" **T** 在画板中合适位置输入文字，如图5-94所示。

Step24 使用"钢笔工具" 在画板左上角绘制箭头，如图5-95所示。

Step25 按住Shift键使用"椭圆工具"在画板中绘制正圆，如图5-96所示。

至此，完成手机端登录界面的制作。

| 图 5-93 | 图 5-94 | 图 5-95 | 图 5-96 |

课后作业

一、填空题

1. Illustrator软件中渐变类型分为_____、_____两种。

2. 若想为对象添加比较复杂的填充效果，可以通过_____或_____实现。

3. 直线段改变方向（拐角）的地方的类型分为_____、_____、_____三种。

4. 单击"标准的Adobe颜色控制组件"中的_____按钮，可以恢复默认颜色设置（白色填充和黑色描边）。

5. 在_____面板可以选择渐变色或者图案进行填充或描边。

二、选择题

1. 下列有关颜色调整的叙述中，正确的是（　　）。

A. 在Illustrator软件中，颜色一旦确定，只能通过颜色调板调整

B. 如果图形的填充色是专色，不能执行"编辑"|"编辑颜色"命令

C. 在Illustrator软件中，如果图形的填充色是专色，通过执行"编辑"|"编辑颜色"|"转化为CMYK"命令，可以很方便地将专色转换成印刷四色

D. 在 Illustrator 软件中，如果将填充色是印刷四色的图形转换成灰阶图，只能依次点选组成图形的单个物件，然后将其填充色由印刷四色改为灰阶色

2. 在 Illustrator 软件中，若想为选中的对象添加渐变，下列描述中错误的是（　　）。

A. 选中要添加渐变的对象，使用渐变工具直接填充渐变

B. 选中要添加渐变的对象，单击"渐变"面板中的渐变条，将图形填充成渐变，再使用渐变工具调整渐变方向

C. 选中要添加渐变的对象，单击"色板"面板中预设的渐变，再使用渐变工具调整渐变方向

D. 选中要添加渐变的对象，单击工具箱中的"渐变"■按钮，再使用渐变工具调整渐变方向

3. 通常在使用对比色时，为了使颜色对比看起来比较协调，可以应用某些颜色作为过渡及调和的颜色，若对比色为红色和绿色，可以应用（　　）作为过渡色。

A. 蓝色 　　　　　　　　　B. 黄色 　　　　　　　　　C. 紫色 　　　　　　　　　D. 黑色

4. 下列哪个颜色属于暖色调？（　　）

A. 蓝色 　　　　　　　　　B. 白色 　　　　　　　　　C. 黑色 　　　　　　　　　D. 粉红色

5. 若想要绘制圆点虚线路径，可以在"描边"面板中选择（　　）。

A. 平头端点 　　　　　　　B. 圆头端点 　　　　　　　C. 方头端点 　　　　　　　D. 以上三种皆可

三、操作题

1. 制作服装吊牌

（1）服装吊牌设计效果如图 5-97 所示。

（2）操作思路。

◎ 绘制背景，使用星形工具绘制图形并填充渐变；

◎ 偏移路径，设置描边参数；

◎ 添加文字信息及装饰，添加投影效果。

2. 设计贵宾卡

（1）VIP 卡片设计效果如图 5-98 和图 5-99 所示。

（2）操作思路。

◎ 绘制矩形，填充渐变和图案；

◎ 置入素材对象并进行编辑；

◎ 输入文字。

图 5-97

图 5-98

图 5-99

第 6 章

文字应用详解

内容导读

文字可以帮助用户更好地表达自己的想法，修饰自己的平面作品。本章主要针对 Illustrator 软件中的文字工具进行介绍，帮助用户学习如何创建文字、编辑文字、处理文字等。下面将对其进行详细的介绍。

学习目标

» 学会创建文字；

» 学会设置文字属性；

» 掌握文字的编辑与处理。

创建文字

Illustrator 软件中可以创建点文字、段落文字、区域文字、路径文字四种不同类型的文字。在工具箱中的文字工具组中，用户可以找到用于创建文字的工具，如图 6-1 所示。

其中，"文字工具" T 与"直排文字工具" ↓T、"区域文字工具" ⑩ 与"直排区域文字工具" ⑩、"路径文字工具" ⌄ 与"直排路径文字工具" ⌄ 六种工具主要用于创建文字，"修饰文字工具" Ⅱ 可以在保持文字原有属性的状态下对单个字符进行编辑处理。下面将针对如何创建文字进行介绍。

▪ T 文字工具	(T)
⑪ 区域文字工具	
⌄ 路径文字工具	
↓T 直排文字工具	
⑩ 直排区域文字工具	
⌄ 直排路径文字工具	
Ⅱ 修饰文字工具	(Shift+T)

■ 6.1.1 创建点文字

图 6-1

使用"文字工具" T 在画板中单击即可按照横排的方式，由左至右进行文字的输入，此时输入的文字就是点文字。点文字的特点是不会换行，若想换行，按 Enter 键即可。

选中工具箱中的"文字工具" T，在画板中要创建文字的位置单击，将自动出现一行被选中的文字即占位符，在控制栏中设置字体样式、大小、对齐等参数，可以直接观察到效果，如图 6-2 所示。调整至合适效果后，直接输入文字即可，如图 6-3 所示。

图 6-2

图 6-3

"直排文字工具" ↓T 也是用于创建点文字的工具，但是"直排文字工具" ↓T 创建的文字是自上而下纵向排列的，如图 6-4 和图 6-5 所示。

图 6-4

图 6-5

> **知识点拨**
>
> 文字编辑完成后，按 Esc 键或移动鼠标至空白处单击即可退出文字编辑。

■ 实例：制作书签

下面练习使用文字工具制作书签。

Step01 打开 Illustrator 软件，执行"文件"|"新建"命令，打开"新建文档"对话框，设置参数如图 6-6 所示。完成后单击"创建"按钮，新建文档。

Step02 使用"圆角矩形工具" ▢ 在画板中单击，打开"圆角矩形"对话框并设置参数，如图 6-7 所示。

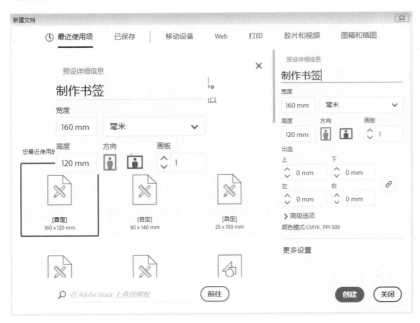

图 6-6 　　　　　　　　　　　　　　　　　　　　图 6-7

Step03 设置完成后单击"确定"按钮，效果如图 6-8 所示。

Step04 选中绘制的圆角矩形，在控制栏中设置描边为"无"，双击工具箱底部的"标准的 Adobe 颜色控制组件"中的"填色" ▢ 按钮，在弹出的"拾色器"对话框中设置参数，完成后单击"确定"按钮，效果如图 6-9 所示。

Step05 选中圆角矩形，执行"效果"|"风格化"|"投影"命令，在弹出的"投影"对话框中设置参数，如图 6-10 所示，完成后单击"确定"按钮，效果如图 6-11 所示。

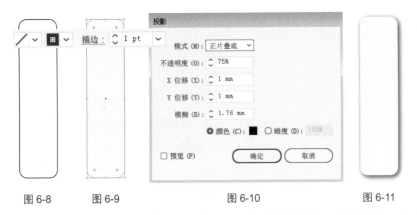

图 6-8 　　　　图 6-9 　　　　　　　图 6-10 　　　　　　　图 6-11

Step06 单击工具箱中的"椭圆工具" ◯ 按钮，按住 Shift 键在圆角矩形上绘制正圆，如图 6-12 所示。

Step07 选中绘制的圆角矩形和正圆，单击鼠标右键，在弹出的快捷菜单中执行"建立复合路径"命令，效果如图 6-13 所示。

Step08 使用"圆角矩形工具" ▢ 在画板中单击，打开"圆角矩形"对话框并设置参数，如图 6-14 所示。

Step09 完成后单击"确定"按钮，在控制栏中设置填充为"无"，描边为白色，单击"描边"，在弹出的面板中设置描边为虚线，效果如图 6-15 所示。

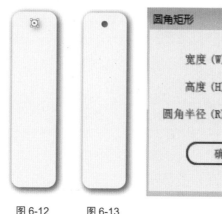
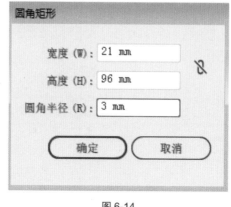

图 6-12　　　图 6-13　　　　　　　　图 6-14　　　　　　　　图 6-15

Step10 使用"画笔工具" ✐ 在画板中绘制路径，如图 6-16 所示。

Step11 选中绘制的路径，执行"对象"|"路径"|"轮廓化描边"命令，将路径转换为矢量对象，如图 6-17 所示。

Step12 选中圆角矩形上绘制的矢量对象，使用"橡皮擦工具" ◆ 擦除多余部分，效果如图 6-18 所示。

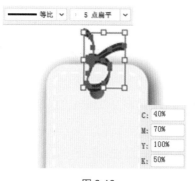

图 6-16　　　　　　　　　　图 6-17　　　　　　　　　　图 6-18

Step13 执行"文件"|"置入"命令，置入本章素材"树.png"和"叶.png"，并调整至合适大小和位置，如图 6-19 所示。

Step14 选中底层的圆角矩形，按 Ctrl+J 和 Ctrl+F 组合键复制粘贴在前面，单击鼠标右键，在弹出的快捷菜单中执行"排列"|"置于顶层"命令，将复制的对象置于顶层，如图 6-20 所示。

Step15 选中顶层的圆角矩形和"树.png"，单击鼠标右键，在弹出的快捷菜单中执行"建立剪切蒙版"命令，创建剪切蒙版，效果如图 6-21 所示。

Step16 单击工具箱中的"直排文字工具" **IT** 按钮，在画板中合适位置单击，在控制栏中设置字体样式、大小、对齐等参数后，输入文字，如图 6-22 所示。

Step17 使用相同的方法制作书签背面，完成后效果如图 6-23 所示。

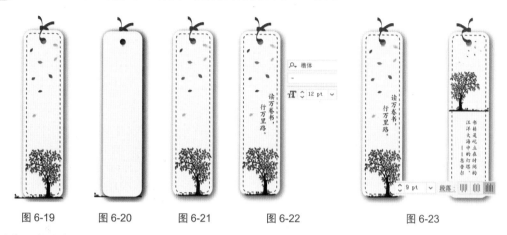

图 6-19　　　　图 6-20　　　　图 6-21　　　　图 6-22　　　　　　图 6-23

至此，完成书签的制作。

6.1.2　创建段落文字

　　在文本框内输入文字时，文字会被局限在文本框中，一旦排列至文本框边缘即自动换行，这段文字被称为段落文字。

　　选中工具箱中的"文字工具" **T**，在画板中按住鼠标左键拖动，形成一个文本框，如图 6-24 所示。释放鼠标后，文本框内自动出现占位符，在控制栏中设置参数后，输入文字即可，如图 6-25 所示。

图 6-24

图 6-25

　　"直排文字工具" **IT** 也可用于创建段落文字，但是"直排文字工具" **IT** 创建的文字是自右向左垂直排列的。

6.1.3　创建区域文字

　　"区域文字工具" 可以在矢量图形构成的区域范围内添加文字，常用于制作不规则形状文字排列效果。

■ 实例：制作星形区域文字

下面将利用"区域文字工具"制作星形区域文字。

Step01 打开本章素材文件"星形 .ai"。选中工具箱中的"区域文字工具"，移动光标至星形路径内部，此时光标变为形状，如图 6-26 所示。

Step02 单击路径，将路径转换为文字区域，区域内自动出现占位符，在控制栏中设置参数后，输入文字，效果如图 6-27 所示。至此，完成星形区域文字的制作。

图 6-26

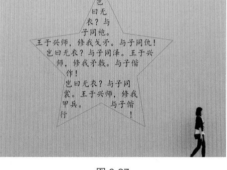

图 6-27

知识点拨

使用"文字工具" T移动至闭合路径上方并单击，也可创建区域文字。

"直排区域文字工具"也可创建区域文字，但是"直排区域文字工具"创建的区域文字是自右向左垂直排列的，如图 6-28 和图 6- 29 所示。

图 6-28

图 6-29

■ 6.1.4　创建路径文字

路径文字是基于路径存在的文字，沿着已有的路径在路径上或者路径下排列。

ACAA课堂笔记

■ 实例：制作灯泡路径文字

下面将利用"路径文字工具"制作灯泡路径文字。

Step01 打开本章素材文件"灯泡.ai"。选中工具箱中的"路径文字工具"，移动光标至灯泡路径上，此时光标变为形状，如图6-30所示。

Step02 单击路径，路径上自动出现占位符，在控制栏中设置参数后，即可输入文字，如图6-31所示。至此，完成灯泡路径文字的制作。

图 6-30

图 6-31

知识点拨

单击工具箱中的"选择工具"▶按钮，将鼠标移至路径文字起点位置，待鼠标变为形状时，按住鼠标左键拖动可调整路径文字起点位置；将鼠标移至路径文字终点位置，待鼠标变为形状时，按住鼠标左键拖动可调整路径文字终点位置，如图6-32和图6-33所示。

图 6-32

图 6-33

"直排路径文字工具"也可创建路径文字，但是"直排路径文字工具"创建的区域文字是纵向在路径上排列的。

知识点拨

使用"文字工具"T移动至开放路径上方单击，也可创建路径文字。

选中路径文字对象，执行"文字"|"路径文字"|"路径文字选项"命令，打开"路径文字选项"对话框，如图6-34所示。在该对话框中可对路径文字对象进行调整。

图 6-34

6.1.5 插入特殊字符

在输入文字的过程中，若需要插入特殊文字或字符，可以执行"窗口"|"文字"|"字形"命令，打开"字形"面板，如图6-35所示。在该面板中双击需要的字符即可选择不同的字符插入到当前插入符所在的位置。

图 6-35

6.2 设置文字

文字的字体、字号、颜色、排列方式等基本属性，既可以在输入文字之前在控制栏中设置，也可以利用"字符"面板和"段落"面板对输入的文字进行调整。下面将针对文字的设置进行介绍。

6.2.1 编辑文字的属性

1. 设置字体

单击工具箱中的"文字工具" T 按钮，在控制栏中设置填充颜色，单击字符选项后侧的"倒三角" 按钮，在下拉菜单中选择合适的字体，如图6-36所示。在设置文字大小的选项中输入文字大小的数值。然后在画板中单击并输入文字，如图6-37所示。

图 6-36

图 6-37

输入文字时，按 Enter 键可以换行；按 Esc 键可以退出文字编辑状态。若需要移动变换文字，首先需要退出文字编辑状态。

2. 设置字号

退出文字编辑后，仍可对文字大小等参数进行修改。选中"文字工具"T，移动鼠标至要修改的文字前方或后方单击插入光标，如图 6-38 所示。按住鼠标左键向文字的方向拖动选中文字，如图 6-39 所示。选中文字后即可在控制栏中修改文字字号，效果如图 6-40 所示。

图 6-38   图 6-39   图 6-40

3. 设置颜色

若要更改文字的颜色，可以选中文字后在控制栏中修改，也可以利用"拾色器"对话框在"颜色"面板、"色板"面板中进行修改，如图 6-41 和图 6-42 所示。

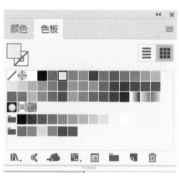 

图 6-41   图 6-42

6.2.2 "字符"面板的应用

选中输入的文字对象，执行"窗口"|"文字"|"字符"命令，或按 Ctrl +T 组合键，打开"字符"面板，如图 6-43 所示。在"字符"面板中即可对文字进行更加丰富的参数设置。

其中，"字符"面板中各参数作用如下：

◎ 设置字体系列：在下拉列表中可以选择文字的字体。

◎ 设置字体样式：设置所选字体的字体样式。

◎ 设置字体大小 **T**：在下拉列表中可以选择字体大小，也可以输入自定义数字。

◎ 设置行距 **A**：用于设置字符行之间的间距大小。

◎ 垂直缩放 **IT**：用于设置文字的垂直缩放百分比。

◎ 水平缩放 **I**：用于设置文字的水平缩放百分比。

◎ 设置两个字符间距微调 **VA**：用于微调两个字符间的间距。

◎ 设置所选字符的字距调整 **VA**：用于设置所选字符的间距。

◎ 比例间距 **™**：用于设置日语字符的比例间距。

◎ 插入空格（左）**™**：用于在字符左端插入空格。

◎ 插入空格（右）**™**：用于在字符右端插入空格。

◎ 设置基线偏移 **A**：用来设置文字与文字基线之间的距离。

◎ 字符旋转 **①**：用于设置字符旋转角度。

◎ **TT Tr T¹ T₁ T Ŧ**：用于设置字符效果。

◎ 语言：用于设置文字的语言类型。

◎ 设置消除锯齿方法 **ª**：用于设置文字消除锯齿的方式。

图 6-43

6.2.3 "段落"面板的应用

选中输入的文字对象，执行"窗口"|"文字"|"段落"命令，打开"段落"面板，如图 6-44 所示。在"段落"面板中可以设置段落文字或多行的点文字段的对齐方式、缩进数值等参数。

其中，"段落"面板中各参数作用如下：

◎ 左对齐 **≡**：文字将与文本框的左侧对齐。

◎ 居中对齐 **≡**：文字将按照中心线和文本框对齐。

◎ 右对齐 **≡**：文字将与文本框的右侧对齐。

◎ 两端对齐，末行左对齐 **≡**：将在每一行中尽量多地排入文字，行两端与文本框两端对齐，最后一行和文本框的左侧对齐。

◎ 两端对齐，末行居中对齐 **≡**：将在每一行中尽量多地排入文字，行两端与文本框两端对齐，最后一行和文本框的中心线对齐。

图 6-44

◎ 两端对齐，末行右对齐 **≡**：将在每一行中尽量多地排入文字，行两端与文本框两端对齐，最后一行和文本框的右侧对齐。

◎ 全部两端对齐 **≡**：文本框架中的所有文字将按照文本框架两侧进行对齐，中间通过添加字间距来填充，文本的两侧保持整齐。

◎ 左缩进 **⋅≡**：在文本框中输入相应数值，文本的左侧边缘向右侧缩进。

◎ 右缩进 **≡⋅**：在文本框中输入相应数值，文本的右侧边缘向左侧缩进。

◎ 首行左缩进 **⋅≡**：在文本框中输入相应数值，文本的第一行左侧边缘向右侧缩进。

◎ 段前间距 **⋅≣**：在文本框中输入相应数值，设置段前间距。

◎ 段后间距 **≣⋅**：在文本框中输入相应数值，设置段后间距。

◎ 避头尾集：设定不允许出现在行首或行尾的字符。该功能只对段落文字或区域文字有效。

◎ 标点挤压集：用于设定亚洲字符、罗马字符、标点符号、特殊字符与行首、行尾和数字之间的间距。

■ 6.2.4 文本排列方向的更改

若想更改文本排列的方向，可以通过执行"文字"|"文字方向"命令来实现。

选中画板中的文字对象，如图 6-45 所示。执行"文字"|"文字方向"|"垂直"命令，即可将文字排列方向由水平更改为垂直，如图 6-46 所示。更改文字方向后，可以使用"选择工具"▶调整文字位置。

图 6-45   图 6-46

6.3 文字的编辑和处理

在 Illustrator 软件中，除了可以调整文字的字体、字号、对齐方式等外观属性，还可以修改文档中的文本信息。下面将主要讲解文字编辑的相关功能。

■ 6.3.1 文本框的串联

文本框的串联可以使当前文本框中未显示完全的文本在其他区域显示，被串联的文本处于相通状态，若其中一个文本框的尺寸缩小，多余的文字将显示在缩小文本框的后一个文本框中。杂志或者书籍中文字分栏的效果大多都是建立文本串接制作而成的。

1. 建立文本串联

当文本框中的文字超过文本框后，在文本框的右下角会出现溢出标记，如图 6-47 所示。在使用"选择工具"▶的情况下，将光标移动至溢出标记田处，待光标变为⯈状时单击溢出标记田，然后移动鼠标至空白处，鼠标变为⯈状，如图 6-48 所示。在空白处单击鼠标左键，即出现一个与原文本框串接的新文本框，如图 6-49 所示。

图 6-47   图 6-48   图 6-49

若要将两个独立的文本框进行串联，可以选中两个独立文本框，执行"文字"|"串接文本"|"创建"命令即可。

2. 释放文本串联

释放文本串联就是解除文本框串联关系，使文字集中到一个文本框内。

在选中文本框的情况下，将光标移动至文本框的▣处，待光标变为🐾形状时单击，此时光标变为🐾形状，如图 6-50 所示。单击鼠标左键即可释放文本串联，默认后一个文本框被释放变为空的文本框，如图 6-51 所示。空白文本框可按 Delete 键删除。

图 6-50

图 6-51

若想释放特定的文本框，可以选中需要释放的文本框，执行"文字"|"串接文本"|"释放所选文字"命令，选中的文本框将释放文本串联变为空的文本框。

3. 移去文本串联

移去文本串联是解除文本框之间的串联关系，使其成为独立的文本框，且各文本框保留其文本内容。

选中串联的文本框，执行"文字"|"串接文本"|"移去串接文字"命令，文本框即可解除串联关系，且保留原文本信息。

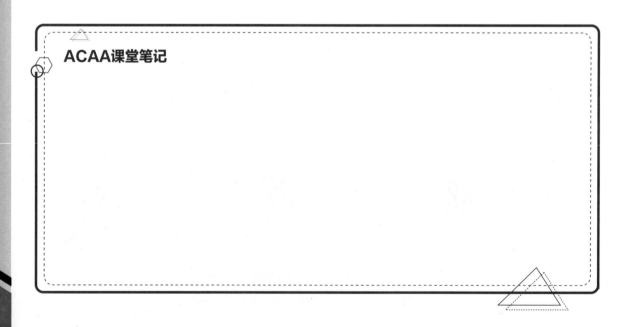

ACAA课堂笔记

6.3.2 查找和替换文字字体

"查找字体"命令可以快速选中文本中字体相同的对象，也可以批量更改选中文字的字体。

选中段落文字，如图 6-52 所示。执行"文字"|"查找字体"命令，打开"查找字体"对话框，如图 6-53 所示。

在"文档中的字体"列表中选择字体，单击"查找"按钮，即可在画板中选中相应的文字，如图 6-54 所示。在"系统中的字体"列表中选择一种字体，单击"更改"按钮，即可将选中的文字字体替换为选择的字体，如图 6-55 所示。

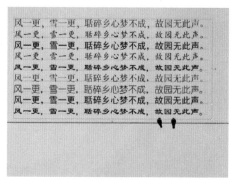

图 6-52

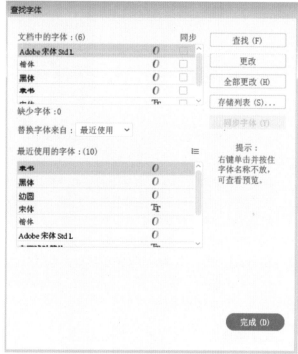

图 6-53

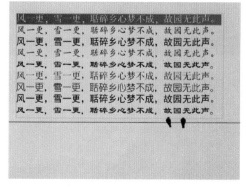

图 6-54

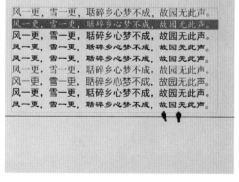

图 6-55

单击"全部更改"按钮，即可将文档中所有该字体的文字替换为另一种字体。

6.3.3 文字大小写的替换

文字大小写主要针对的是包含英文的文档。

选中要更改的字符或文字对象，执行"文字"|"更改大小写"命令，在弹出的子菜单中执行"大写""小写""词首大写"或"句首大写"命令，如图 6-56 所示，即可快速更改所选文字对象，如图 6-57 所示为不同命令的对比效果。

图 6-56

图 6-57

其中，"更改大小写"命令中的子命令作用如下：

◎ 大写：将所有字符全部更改为大写。

◎ 小写：将所有字符全部更改为小写。

◎ 词首大写：将每个单词的首字母大写。

◎ 句首大写：将每个句子的首字母大写。

6.3.4 文字绕图排列

文字绕排是一种常见的文字表现形式。通过文本绕排可以将区域文本绕排在任何对象的周围。下面通过实例对文本绕排进行介绍。

实例：制作图文页面效果

文本绕排可以很好地融合文字与对象，使其互不遮挡，营造图文并茂的美感，下面将对此进行介绍。

Step01 打开 Illustrator 软件，执行"文件"|"新建"命令，打开"新建文档"对话框，设置参数如图 6-58 所示。完成后单击"创建"按钮，新建文档。

图 6-58

Step02 执行"文件"|"置入"命令，置入本章素材"纸 .jpg"，如图 6-59 所示。

Step03 使用"文字工具" T ，在画板中按住鼠标左键拖动，形成一个文本框，并输入文字，如图 6-60 所示。

图 6-59

图 6-60

Step04 执行"文件"|"置入"命令，置入本章素材"路线 .png"，并调整至合适大小和位置，如图 6-61 所示。

Step05 选中段落文字和素材"路线 .png"，执行"对象"|"文本绕排"|"建立"命令，在弹出的对话框中单击"确定"按钮，效果如图 6-62 所示。

图 6-61

图 6-62

Step06 选中素材"路线 .png"，按住鼠标左键移动其位置，绕排效果也随之变化，如图 6-63 所示。

Step07 使用相同的方法，置入本章素材"罗盘 .png"，并建立文本绕排，如图 6-64 所示。

图 6-63

图 6-64

Step08 选中素材"罗盘.png"，执行"对象"|"文本绕排"|"文本绕排选项"命令，打开"文本绕排选项"对话框，如图6-65所示。

Step09 设置完成后单击"确定"按钮，完成图文页面效果的制作，如图6-66所示。

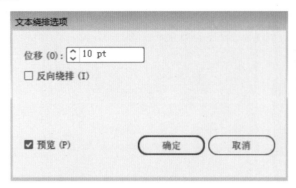

图 6-65

图 6-66

6.3.5 拼写检查

"拼写检查"命令可以检查指定的文本，帮助用户修正拼写和基本的语法错误。

选中文本对象，如图6-67所示。执行"编辑"|"拼写检查"命令，打开"拼写检查"对话框，如图6-68所示。

图 6-67

图 6-68

单击"开始"按钮开始检查，上方的"准备开始"文本框中会显示错误的单词，并提示这是个未找到单词，下方的"建议单词"文本框内会显示建议单词，这些单词是和错误单词非常相近的单词，如图6-69所示。

在"建议单词"文本框中选择需要的单词，单击"更改"按钮，即可更改显示错误的单词，如图6-70所示。

图 6-69　　　　　　　　　　　　　　　　　　　　　图 6-70

其中，"拼写检查"对话框中部分按钮作用如下：

◎ 忽略 / 全部忽略：忽略或全部忽略将继续拼写检查，而不更改特定的单词。

◎ 更改：从"建议单词"文本框中选择一个单词，或在顶部的文本框中输入正确的单词，然后单击"更改"按钮更改选中的出现拼写错误的单词。

◎ 全部更改：更改文档中所有与选中单词出现相同拼写错误的单词。

◎ 添加：添加一些被认为错误的单词到词典中，以便在以后的操作中不再将其判断为拼写错误。

■ 6.3.6　智能标点

"智能标点"命令可以搜索文档中的键盘标点字符，并将其替换为相同的印刷体标点字符。

选中一段文本，执行"文字"|"智能标点"命令，打开"智能标点"对话框，在该对话框中可以设置参数，如图 6-71 所示。

其中，"智能标点"对话框中各选项作用如下：

◎ ff、fi、ffi 连字：将 ff、fi 或 ffi 字母组合转换为连字。

◎ ff、fl、ffl 连字：将 ff、fl 或 ffl 字母组合转换为连字。

◎ 智能引号：将键盘上的直引号改为弯引号。

◎ 智能空格：消除句号后的多个空格。

◎ 全角、半角破折号：用半角破折号替换两个键盘破折号，用全角破折号替换三个键盘破折号。

◎ 省略号：用省略点替换三个键盘句点。

◎ 专业分数符号：用同一种分数字符替换分别用来表示分数的各种字符。

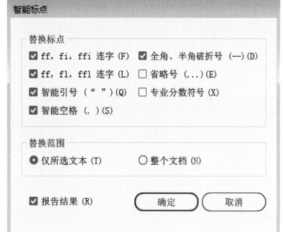

图 6-71

◎ 替换范围：选中"仅所选文本"单选按钮，则仅替换所选文本中的符号；选中"整个文档"单选按钮可替换整个文档中的符号。

◎ 报告结果：勾选"报告结果"复选框，可看到所替换符号数的列表。

课堂实战：制作舞蹈海报

下面，将使用本节课学习的文字知识来制作舞蹈海报。

Step01 打开 Illustrator 软件，执行"文件"|"新建"命令，打开"新建文档"对话框，设置参数如图 6-72 所示。完成后单击"创建"按钮，新建文档。

Step02 使用"矩形工具" ■，在画板中绘制一个与画板等大的矩形，如图 6-73 所示。

图 6-72

图 6-73

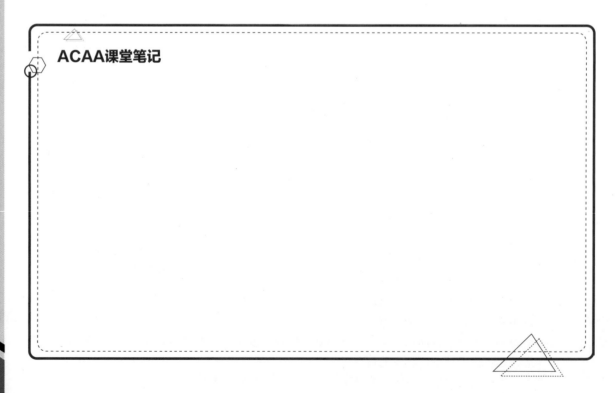

ACAA课堂笔记

Adobe Illustrator CC 课堂实录

Step03 执行"文件"|"置入"命令，置入本章素材"背景 .jpg"，调整至合适大小并放置在合适位置，在控制栏中设置"不透明度"为 70%，效果如图 6-74 所示。

Step04 使用相同的方法置入本章素材"跳舞 .png"，放置在合适位置，效果如图 6-75 所示。

Step05 选中置入的"跳舞 .png"素材，按 Ctrl+C 和 Ctrl+F 组合键复制并粘贴在前面。选中复制的对象，按住 Shift 键等比例缩放至合适大小，并放置在合适位置，如图 6-76 所示。

Step06 选中复制的对象，单击控制栏中的"图像临摹"按钮，然后单击"扩展"按钮，将对象转换为编组的矢量对象，如图 6-77 所示。

图 6-74

图 6-75

图 6-76

图 6-77

Step07 选中编组的矢量对象，单击鼠标右键，在弹出的快捷菜单中执行"取消编组"命令，选中多余的部分并删除，效果如图 6-78 所示。

Step08 选中矢量对象，在控制栏中设置"填充"为白色，"不透明度"为 20%，效果如图 6-79 所示。

Step09 选中工具箱中的"文字工具"T，在画板中合适位置处单击，在控制栏中设置文字字体、大小、颜色等参数，完成后输入文字，如图 6-80 所示。

Step10 选中输入的文字，单击鼠标右键，在弹出的快捷菜单中执行"创建轮廓"命令，将文字转换为矢量对象，如图 6-81 所示。

图 6-78

图 6-79

图 6-80

图 6-81

Step11 选中文字矢量对象，在控制栏中调整高度与宽度，切换至"直接选择工具" ▷，调整圆角，效果如图 6-82 所示。

Step12 使用"矩形工具"在画板中绘制矩形，在控制栏中设置"填充"为白色，"不透明度"为 30%，效果如图 6-83 所示。

Step13 使用"文字工具" T 在矩形上输入文字，如图 6-84 所示。

图 6-82　　　　　　　　图 6-83　　　　　　　　图 6-84

Step14 按住 Shift 键使用"直线段工具" ／ 在矩形上绘制直线段，如图 6-85 所示。

Step15 使用相同的方法在画板中输入文字并绘制直线段，如图 6-86 所示。

Step16 使用"文字工具" T 在画板中拖动鼠标，形成一个文本框，在控制栏中设置参数后输入文字，效果如图 6-87 所示。

图 6-85　　　　　　　　图 6-86　　　　　　　　图 6-87

至此，完成舞蹈海报的制作。

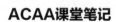

ACAA课堂笔记

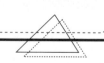

课后作业

一、填空题

1. 按_____键可以对点文字进行换行操作。

2. 按_____组合键，打开"字符"面板。

3. _____命令可以快速选中文本中字体相同的对象，也可以批量更改选中文字的字体。

4. 执行_____命令，可将文字排列方向由水平更改为垂直。

5. 在_____面板中可以设置段落文字或多行的点文字段的对齐方式、缩进数值等参数。

二、选择题

1. 选中输入的文字，执行（　　）命令可以将文字对象转换为路径，从而进行编辑。

A. "文字"|"创建轮廓"　　　　　B. "文字"|"路径文字"

C. "对象"|"栅格化"　　　　　　D. "对象"|"复合路径"|"释放"

2. 若在 Illustrator 软件中添加横排文字，应该使用（　　）。

A. 区域文字工具　　　　　　　B. 直排文字工具

C. 路径文字工具　　　　　　　D. 文字工具

3. 下列关于文字处理的描述中，不正确的是（　　）。

A. 可将某些文字转换为图形　　B. 文字可沿路径水平或垂直排列

C. 文字不能执行绕图操作　　　D. 文字可在封闭区域内进行排列

4. 输入文字后，（　　）不可进行修改或编辑。

A. 文字颜色　　　　　　　　　B. 文字大小

C. 文字内容　　　　　　　　　D. 创建轮廓后的文字字体

5. 下列（　　）可以将路径文字从外侧转换为内侧。

A. 使用直接选择工具直接单击路径内侧

B. 使用选择工具或直接选择工具按住文字的中点线（不带方形），向路径内侧拖动

C. 使用直接选择工具按住文字首端的小竖线，向路径内侧拖动

D. 使用选择工具按住文字首端的小竖线，向路径内侧拖动

三、操作题

1. 制作印章效果

（1）自制印章效果如图 6-88 所示。

图 6-88

（2）操作思路。

◎ 置入素材对象，创建正圆路径；

◎ 输入路径文字；

◎ 使用画笔工具绘制路径并拓展，创建不透明度蒙版。

2. 制作个人简历

（1）个人简历设计效果如图 6-89 所示。

图 6-89

（2）操作思路。

◎ 创建矩形背景，输入文字内容；

◎ 调整文字属性；

◎ 绘制装饰。

第<7>章

效果应用详解

内容导读

Illustrator 软件中的效果可以改变对象的外观，使其呈现出更多的视觉效果，但不改变其本质。通过 Illustrator 软件中的效果组，用户可以为对象添加投影、内发光、外发光等效果，也可以制作三维效果。下面将对此进行介绍。

学习目标

» 学会添加效果；

» 学会编辑效果；

» 学会应用效果。

7.1 "效果"菜单应用

Illustrator 软件中的"效果"菜单中，包含多个效果组，如图 7-1 所示。通过这些效果组，用户可以为对象添加效果且不更改对象原始信息。

下面将针对如何使用效果组中的效果进行讲解。

图 7-1

■ 7.1.1 为对象应用效果

Illustrator 软件"效果"菜单中包含的效果使用方法大致相同。

以"自由扭曲"效果为例，选中要应用效果的矢量对象，如图 7-2 所示。执行"效果"|"扭曲和变换"|"自由扭曲"命令，在打开的"自由扭曲"对话框中拖动控制框角点位置，如图 7-3 所示。完成后单击"确定"按钮，效果如图 7-4 所示。

图 7-2

图 7-3

图 7-4

■ 7.1.2 栅格化效果

"效果"菜单中的"栅格化"命令和"对象"菜单中的"栅格化"命令不同，与"对象"菜单中的"栅格化"命令相比，"效果"菜单中的"栅格化"命令可以创建栅格化外观，使其暂时变为位图对象，而不影响其本质。

执行"效果"|"栅格化"命令，打开"栅格化"对话框，如图 7-5 所示。在该对话框中可对栅格化选项进行设置。

在"栅格化"对话框中，各选项作用如下：

◎ 颜色模型：用于确定在栅格化过程中所用的颜色模型。

◎ 分辨率：用于确定栅格化图像中的每英寸像素数。

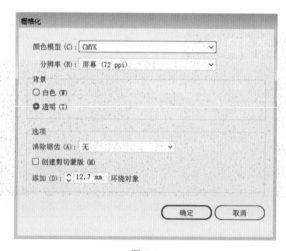

图 7-5

◎ 背景：用于确定矢量图形的透明区域如何转换为像素。选中"白色"单选按钮可用白色像素填充透明区域，选中"透明"单选按钮可使背景透明。

◎ 消除锯齿：应用消除锯齿效果，以改善栅格化图像的锯齿边缘外观。

◎ 创建剪切蒙版：创建一个使栅格化图像的背景显示为透明的蒙版。

◎ 添加环绕对象：可以通过指定像素值，为栅格化图像添加边缘填充或边框。

■ 7.1.3　修改或删除效果

通过"外观"面板，用户可以修改或删除效果。

1.修改效果

选中已添加效果的对象，如图7-6所示。执行"窗口"|"外观"命令，打开"外观"面板，如图7-7所示。

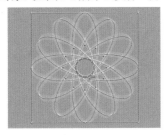

图7-6　　　　　　　　　　　图7-7

在"外观"面板中选中需要修改的效果名称并单击，打开该效果对话框并修改，如图7-8所示。完成后单击"确定"按钮，效果如图7-9所示。

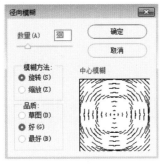
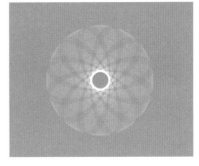

图7-8　　　　　　　　　　　图7-9

2.删除效果

若要删除添加的效果，在"外观"面板中选中需要删除的效果，如图7-10所示。单击"外观"面板底部的"删除"🗑按钮，即可将选中的效果删除，如图7-11所示。

图7-10　　　　　　　　　　　图7-11

7.2 使用 3D 效果组

3D 效果组中的效果可以帮助用户从二维图稿创建三维对象。该效果组中包括"凸出和斜角""绕转"和"旋转"三种效果，下面将对其进行介绍。

■ 7.2.1 凸出和斜角效果

"凸出和斜角"效果可以增加对象的厚度，从而创建立体效果。

选中要添加"凸出和斜角"效果的对象，如图 7-12 所示。执行"效果"| 3D |"凸出和斜角"命令，打开"3D 凸出和斜角选项"对话框，如图 7-13 所示。在该对话框中设置参数，完成后单击"确定"按钮，效果如图 7-14 所示。

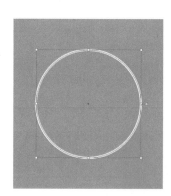

图 7-12

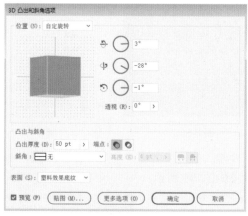

图 7-13

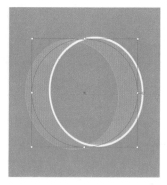

图 7-14

其中，"3D 凸出和斜角选项"对话框中常用选项作用如下：

◎ 位置：设置对象如何旋转以及观看对象的透视角度。在下拉列表中提供预设位置选项，也可以通过右侧的三个文本框进行不同方向的旋转调整，或直接使用鼠标拖动。

◎ 透视：通过调整该选项中的参数，调整对象的透视效果。数值设置为 0°时，没有任何效果，角度越大透视效果越明显。

◎ 凸出厚度：设置对象深度，介于 0 到 2000 之间的值。

◎ 端点：指定显示的对象是实心（开启端点 ◉）还是空心（关闭端点 ◯）对象。

◎ 斜角：沿对象的深度轴（z 轴）应用所选类型的斜角边缘。

◎ 高度：设置介于 1 到 100 之间的高度值。

◎ 斜角外扩 🔒：将斜角添加至对象的原始形状。

◎ 斜角内缩 🔒：自对象的原始形状砍去斜角。

◎ 表面：控制表面底纹。"线框"绘制对象几何形状的轮廓，并使每个表面透明；"无底纹"不向对象添加任何新的表面属性；"扩散底纹"使对象以一种柔和、扩散的方式反射光；"塑料效果底纹"使对象以一种闪烁、光亮的材质模式反射光。单击"更多选项"按钮可以查看完整的选项列表。

◎ 光源强度：控制光源的强度。

◎ 环境光：控制全局光照，统一改变所有对象的表面亮度。

◎ 高光强度：控制对象反射光的多少。

◎ 高光大小：控制高光的大小。

◎ 混合步骤：控制对象表面所表现出来的底纹的平滑程度。

◎ 底纹颜色：控制底纹的颜色。

◎ 后移光源按钮 ⟳：将选定光源移到对象后面。

◎ 前移光源按钮 ⟲：将选定光源移到对象前面。

◎ 新建光源按钮 ▪：用来添加新的光源。

◎ 删除光源按钮 🗑：用来删除所选的光源。

◎ 保留专色：保留对象中的专色，如果在"底纹颜色"选项中选择了"自定"，则无法保留专色。

◎ 绘制隐藏表面：显示对象的隐藏背面。如果对象透明，或是展开对象并将其拉开时，便能看到对象的背面。

■ 7.2.2 "绕转"效果

"绕转"效果是将路径或图形沿垂直方向做圆周运动来创建立体效果。

选中要添加"绕转"效果的对象，如图7-15所示。执行"效果"|3D|"绕转"命令，打开"3D绕转选项"对话框，如图7-16所示。在该对话框中设置完参数后单击"确定"按钮，即可为选中的对象添加"绕转"效果，如图7-17所示。

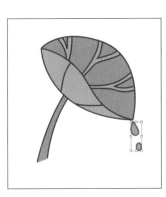

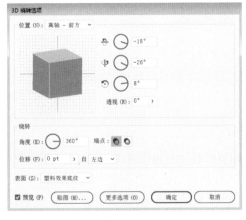

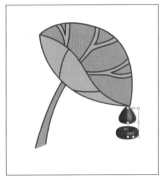

图7-15   图7-16   图7-17

下面，将针对"3D绕转选项"对话框中一些重要选项进行介绍：

◎ 角度：用于设置0到360°之间的路径绕转度数。

◎ 端点：用于指定显示的对象是实心（打开端点 ◐）还是空心（关闭端点 ◑）对象。

◎ 位移：在绕转轴与路径之间添加距离。

◎ 自：设置对象绕转的轴，包括"左边"和"右边"。

■ 7.2.3 "旋转"效果

"旋转"效果是将一个二维或三维对象进行空间上的旋转，创建空间上的透视效果。

选中要旋转的对象，如图7-18所示。执行"效果"|3D|"旋转"命令，打开"3D旋转选项"对话框，如图7-19所示。在该对话框中设置完参数后单击"确定"按钮，即可为选中的对象添加"旋转"效果，如图7-20所示。

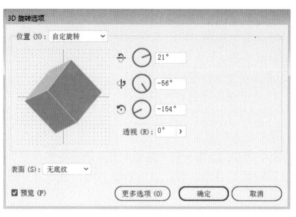
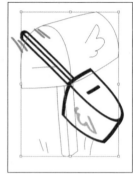

图 7-18 图 7-19 图 7-20

"3D 旋转选项"对话框中部分选项作用如下：

◎ 位置：设置对象如何旋转以及观看对象的透视角度。

◎ 透视：用来控制透视的角度。

◎ 表面：创建各种形式的表面。

 ## 7.3 "扭曲和变换"效果组

| 变换(T)... |
| 扭拧(K)... |
| 扭转(W)... |
| 收缩和膨胀(P)... |
| 波纹效果(Z)... |
| 粗糙化(R)... |
| 自由扭曲(F)... |

"扭曲和变换"效果组中的效果可以在不改变对象的基本几何形状的情况下，方便地改变对象的形状。如图 7-21 所示为"扭曲和变换"效果组，下面将针对该效果组中的效果进行介绍。

■ 7.3.1 "变换"效果

图 7-21

"变换"效果可以缩放、调整、移动或镜像对象。

选中要变换的对象，如图 7-22 所示。执行"效果"|"扭曲和变换"|"变换"命令，打开"变换效果"对话框，如图 7-23 所示。在该对话框中设置完参数后单击"确定"按钮，即可变换选中的对象，如图 7-24 所示。

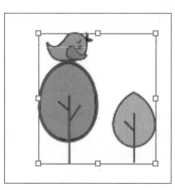

图 7-22 图 7-23 图 7-24

其中，"变换效果"对话框中部分选项含义如下：

◎ 缩放：通过在选项区域中分别调整"水平"和"垂直"文本框中的参数值，定义缩放比例。

◎ 移动：通过在选项区域中分别调整"水平"和"垂直"文本框中的参数值，定义移动的距离。

◎ 角度：在文本框中设置相应的数值，定义旋转的角度，或拖动控制柄进行旋转。

◎ 对称 X、Y：勾选该复选框时，可以对对象进行镜像处理。

◎ 定位器▒▒：定义变换的中心点。

◎ 随机：勾选该复选框时，将对调整的参数进行随机变换，而且每一个对象的随机数值并不相同。

7.3.2 "扭拧"效果

"扭拧"效果可以随机地向内或向外弯曲和扭曲对象。

选中要进行扭拧的对象，如图 7-25 所示。执行"效果"|"扭曲和变换"|"扭拧"命令，打开"扭拧"对话框，如图 7-26 所示。在该对话框中设置完参数后单击"确定"按钮，即可为选中的对象添加"扭拧"效果，如图 7-27 所示。

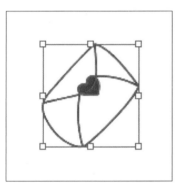

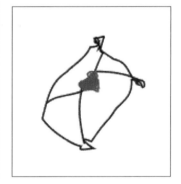

图 7-25   图 7-26   图 7-27

下面，将对"扭拧"对话框中的部分选项进行介绍：

◎ 水平：在文本框输入相应的数值，可以定义对象在水平方向的扭拧幅度。

◎ 垂直：在文本框输入相应的数值，可以定义对象在垂直方向的扭拧幅度。

◎ 相对：选中该单选按钮时，将定义调整的幅度为原水平的百分比。

◎ 绝对：选中该单选按钮时，将定义调整的幅度为具体的尺寸。

◎ 锚点：勾选该复选框时，将修改对象中的锚点。

◎ "导入"控制点：勾选该复选框时，将修改对象中的导入控制点。

◎ "导出"控制点：勾选该复选框时，将修改对象中的导出控制点。

7.3.3 "扭转"效果

"扭转"效果可以制作顺时针或逆时针扭转对象形状的效果。

选中要进行扭转的对象，如图 7-28 所示。执行"效果"|"扭曲和变换"|"扭转"命令，打开"扭转"对话框，如图 7-29 所示。在该对话框中设置完参数后单击"确定"按钮，即可为选中的对象添加"扭转"效果，如图 7-30 所示。

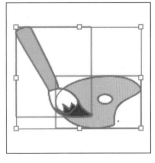

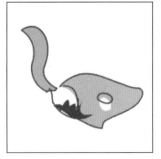

图 7-28　　　　　　　　　　　图 7-29　　　　　　　　　　　图 7-30

■ 7.3.4　"收缩和膨胀"效果

　　"收缩和膨胀"效果是以所选对象中心点为基点，收缩或膨胀变形对象。

　　选中要变形的对象，如图 7-31 所示。执行"效果"|"扭曲和变换"|"收缩和膨胀"命令，打开"收缩和膨胀"对话框，如图 7-32 所示。

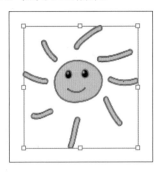

图 7-31　　　　　　　　　　　　　　图 7-32

　　移动"收缩和膨胀"对话框中的滑块或在文本框中输入数值，当向左移动滑块即数值为负时，将收缩变形对象，如图 7-33 所示；当向右移动滑块即数值为正时，将膨胀变形对象，如图 7-34 所示。

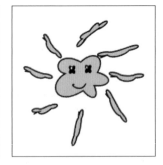

图 7-33　　　　　　　　　　　图 7-34

■ 7.3.5　波纹效果

　　"波纹效果"可以波纹化扭曲路径边缘，使路径内外侧分别出现波纹或锯齿状的线段锚点。

　　选中要变形的对象，如图 7-35 所示。执行"效果"|"扭曲和变换"|"波纹效果"命令，打开"波纹效果"对话框，如图 7-36 所示。在该对话框中设置完参数后单击"确定"按钮，即可为选中的对象添加"波纹"效果，如图 7-37 所示。

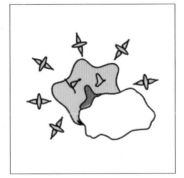

图 7-35   图 7-36   图 7-37

"波纹效果"对话框中各选项作用如下：

◎ 大小：定义波纹效果的尺寸。数值越小，波纹的起伏越小。

◎ 相对：选中该单选按钮时，将定义调整的幅度为原水平的百分比。

◎ 绝对：选中该单选按钮时，将定义调整的幅度为具体的尺寸。

◎ 每段的隆起数：通过调整该选项中的参数，定义每一段路径出现波纹隆起的数量。数值越大，
   波纹越密集。

◎ 平滑：选中该单选按钮时，波纹效果比较平滑。

◎ 尖锐：选中该单选按钮时，波纹效果比较尖锐。

■ 7.3.6   "粗糙化"效果

"粗糙化"效果可以将对象的边缘变形为各种大小的尖峰或凹谷的锯齿，使之看起来粗糙。

选中要变形的对象，如图 7-38 所示。执行"效果"|"扭曲和变换"|"粗糙化"命令，打开"粗糙化"
对话框，如图 7-39 所示。在该对话框中设置完参数后单击"确定"按钮，即可为选中的对象添加"粗
糙化"效果，如图 7-40 所示。

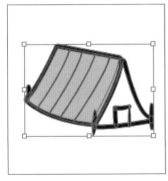

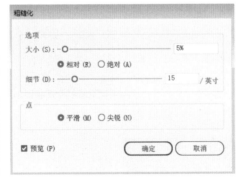

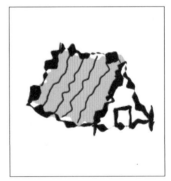

图 7-38   图 7-39   图 7-40

"粗糙化"对话框中各选项作用如下：

◎ 大小：定义粗糙化效果的尺寸。数值越大，粗糙程度越大。

◎ 相对：选中该单选按钮时，将定义调整的幅度为原水平的百分比。

◎ 绝对：选中该单选按钮时，将定义调整的幅度为具体的尺寸。

◎ 细节：通过调整该选项中的参数，定义粗糙化细节每英寸出现的数量。数值越大，细节越丰富。

◎ 平滑：选中该单选按钮时，粗糙化的效果比较平滑。

◎ 尖锐：选中该单选按钮时，粗糙化的效果比较尖锐。

■ 实例：制作毛绒文字效果

下面，将利用"粗糙化"效果制作毛绒文字。

Step01 打开 Illustrator 软件，执行"文件"|"新建"命令，打开"新建文档"对话框，设置参数如图 7-41 所示。完成后单击"创建"按钮，新建文档。

图 7-41

Step02 执行"文件"|"置入"命令，置入本章素材"背景 .jpg"，如图 7-42 所示。按 Ctrl+2 组合键锁定素材图层。

Step03 使用"钢笔工具" 在画板中绘制连续的开放路径，如图 7-43 所示。

Step04 按住 Shift 键，使用"椭圆工具" 在画板中绘制正圆，在"渐变"面板中选择预设的渐变，如图 7-44 所示。

图 7-42

图 7-43

图 7-44

Step05 按住 Alt 键拖动复制正圆，如图 7-45 所示。

Step06 选中图中的正圆，双击工具箱中的"混合工具" 按钮，打开"混合选项"对话框，在该对话框中设置参数，如图 7-46 所示。

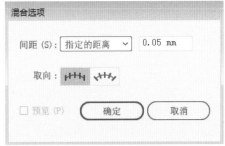

图 7-45　　　　　　　　　　　　　　　　图 7-46

Step07 设置完成后单击"确定"按钮，移动鼠标依次在两个正圆上单击，创建混合，如图 7-47 所示。

Step08 选中创建的混合对象，按住 Alt 键拖动复制，如图 7-48 所示。

图 7-47　　　　　　　　　　　　　　　　图 7-48

Step09 选中一个混合对象和一个开放路径，如图 7-49 所示。执行"对象"|"混合"|"替换混合轴"命令，效果如图 7-50 所示。

图 7-49　　　　　　　　　　　　　　　　图 7-50

Step10 选中替换混合轴的混合对象，执行"效果"|"扭曲和变换"|"粗糙化"命令，在打开的"粗糙化"对话框中设置参数，如图 7-51 所示。完成后单击"确定"按钮，效果如图 7-52 所示。

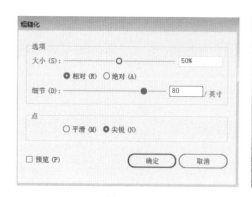

图 7-51 图 7-52

Step11 选中添加了效果的对象，执行"对象"|"混合"|"反向混合轴"命令，效果如图 7-53 所示。

Step12 使用相同的方法，制作其他毛绒文字，最终效果如图 7-54 所示。

图 7-53 图 7-54

至此，完成毛绒文字效果的制作。

7.3.7 "自由扭曲"效果

"自由扭曲"效果可以自由地改变矢量对象的形状。

选中要变形的对象，如图 7-55 所示。执行"效果"|"扭曲和变换"|"自由扭曲"命令，打开"自由扭曲"对话框，如图 7-56 所示。在该对话框中调整控制点，完成后单击"确定"按钮，即可为选中的对象添加"自由扭曲"效果，如图 7-57 所示。

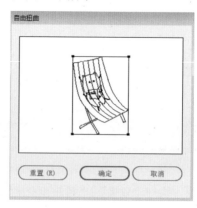

图 7-55 图 7-56 图 7-57

7.4 "路径"效果组

"路径"效果组中的效果可以对选中的路径进行移动、轮廓化描边等操作。下面将对其进行介绍。

7.4.1 "位移路径"效果

"位移路径"效果可以沿选中路径的外部或内部轮廓创建新的路径。

选中要位移路径的对象，如图 7-58 所示。执行"效果"|"路径"|"位移路径"命令，打开"偏移路径"对话框，如图 7-59 所示。

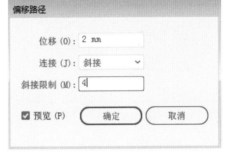

图 7-58　　　　　　　　　　　图 7-59

在"偏移路径"对话框中设置完参数后，单击"确定"按钮，即可为选中对象添加"位移路径"效果。如图 7-60~ 图 7-62 所示分别为"连接"是"斜接""圆角""斜角"的效果。

图 7-60　　　　　　　　　图 7-61　　　　　　　　　图 7-62

在"偏移路径"对话框中，"位移"参数定义了路径外扩的尺寸；"连接"定义了路径转换后的拐角和包头方式；"斜接限制"限制了尖锐角的显示。

7.4.2 "轮廓化描边"效果

"轮廓化描边"效果可以将所选对象的描边转变为图形对象，从而为描边添加丰富的效果。选中要添加效果的对象，执行"效果"|"路径"|"轮廓化描边"命令，即可为对象添加"轮廓化描边"效果。

■ 7.4.3 "路径查找器"效果

除了"路径"子菜单中的效果，用户还可以通过"效果"菜单中的"路径查找器"效果调整所选对象与对象之间的关系。

"路径查找器"效果与"路径查找器"面板的原理相同，但"路径查找器"效果需要先编组对象再进行操作。

选中对象，按 Ctrl+G 组合键进行编组，如图 7-63 所示。执行"效果"|"路径查找器"命令，在弹出的子菜单中执行相应的命令，如图 7-64 所示。

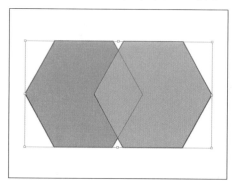

图 7-63

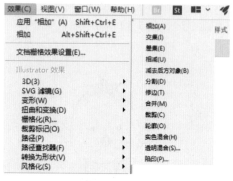

图 7-64

下面，将针对"路径查找器"效果中的子命令进行介绍：

◎ 相加：描摹所有对象的轮廓，得到的图形采用顶层对象的颜色属性，如图 7-65 所示。

◎ 交集：描摹对象重叠区域的轮廓，如图 7-66 所示。

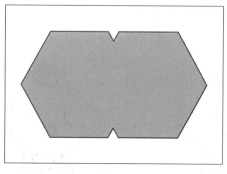

图 7-65

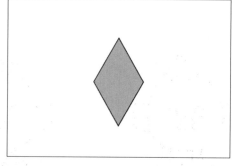

图 7-66

◎ 差集：描摹对象未重叠的区域。若有偶数个对象重叠，则重叠处会变成透明；若要有奇数个对象重叠，重叠的地方则会填充顶层对象颜色。如图 7-67 和图 7-68 所示。

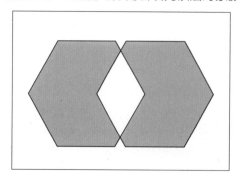

图 7-67

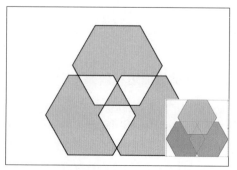

图 7-68

◎ 相减：从最后面的对象减去前面的对象，如图 7-69 所示。

◎ 减去后方对象：从最前面的对象减去后面的对象，如图 7-70 所示。

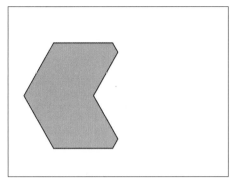

图 7-69

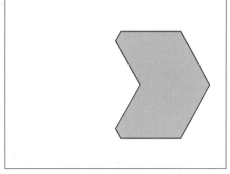

图 7-70

◎ 分割：按照图形的重叠，将图形分割为多个部分，如图 7-71 所示。

◎ 修边：用于删除所有描边，且不会合并相同颜色的对象，如图 7-72 所示。

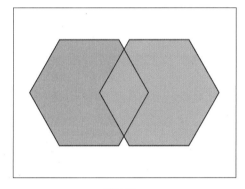

图 7-71

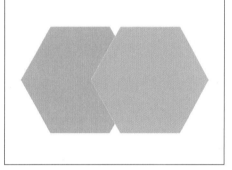

图 7-72

◎ 合并：删除已填充对象被隐藏的部分。它会删除所有描边并且合并具有相同颜色的相邻或重叠的对象，如图 7-73 所示。

◎ 裁剪：将图稿分割为作为其构成成分的填充表面，删除图稿中所有落在最上方对象边界之外的部分，还会删除所有描边，如图 7-74 所示。

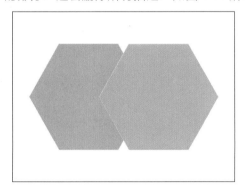

图 7-73

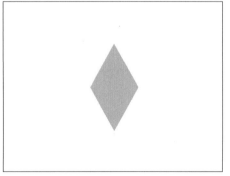

图 7-74

◎ 轮廓：将对象分割为其组件线段或边缘，如图 7-75 所示。

◎ 实色混合：通过选择每个颜色组件的最高值来组合颜色，如图 7-76 所示。

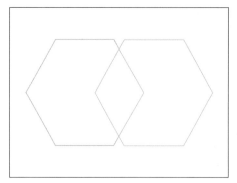
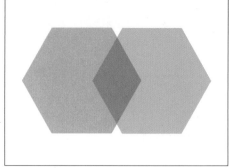

图 7-75　　　　　　　　　　　　　　　　　　图 7-76

◎ 透明混合：使底层颜色透过重叠的图稿可见，然后将图像划分为其构成部分的表面，如图 7-77 所示。

◎ 陷印："陷印"命令通过识别较浅色的图稿并将其陷印到较深色的图稿中，可为简单对象创建陷印。可以从"路径查找器"面板中应用"陷印"命令，或者将其作为效果进行应用。使用"陷印"效果的好处是可以随时修改陷印设置，如图 7-78 所示。

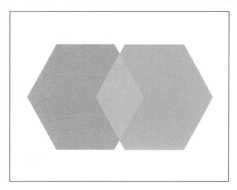
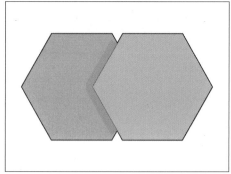

图 7-77　　　　　　　　　　　　　　　　　　图 7-78

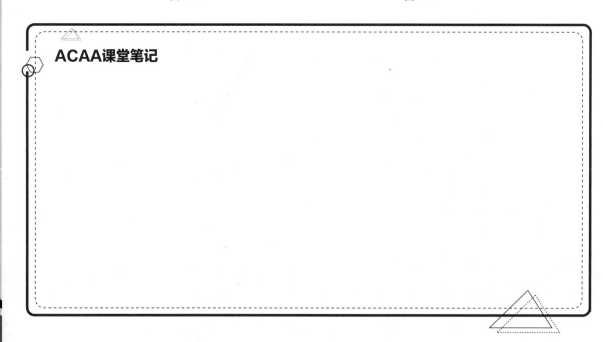

ACAA课堂笔记

Adobe Illustrator CC 课堂实录

7.5 **"转换为形状"效果组**

"转换为形状"效果组中的效果可以帮助用户将矢量对象的形状转换为矩形、圆角矩形或椭圆。
下面将对该效果组进行介绍。

7.5.1 "矩形"效果

"矩形"效果可以将选中的矢量对象转换为矩形。

选中要添加效果的对象，如图7-79所示。执行"效果"|"转换为形状"|"矩形"命令，打开"形
状选项"对话框，如图7-80所示。在该对话框中设置完参数后单击"确定"按钮，即可为选中的对
象添加"矩形"效果，如图7-81所示。

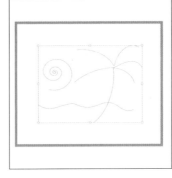

图 7-79　　　　　　　　　　　图 7-80　　　　　　　　　　　图 7-81

"形状选项"对话框中的"绝对"选项，可以在"额外宽度"和"额外高度"文本框中输入数
值来定义转换的矩形对象的绝对尺寸；"相对"选项可以在"额外宽度"和"额外高度"文本框中
输入数值来定义转换的矩形对象添加或减少的尺寸；"圆角半径"则定义了圆角尺寸。

7.5.2 "圆角矩形"效果

"圆角矩形"效果可以将选中的矢量对象转换为圆角矩形。

选中要添加效果的对象，如图7-82所示。执行"效果"|"转换为形状"|"圆角矩形"命令，打
开"形状选项"对话框，如图7-83所示。在该对话框中设置完参数后单击"确定"按钮，即可为选
中的对象添加"圆角矩形"效果，如图7-84所示。

图 7-82　　　　　　　　　　　图 7-83　　　　　　　　　　　图 7-84

■ 7.5.3 "椭圆"效果

"椭圆"效果可以将选中的矢量对象转换为椭圆。

选中要添加效果的对象，如图 7-85 所示。执行"效果"|"转换为形状"|"椭圆"命令，打开"形状选项"对话框，如图 7-86 所示。在该对话框中设置完参数后单击"确定"按钮，即可为选中的对象添加"椭圆"效果，如图 7-87 所示。

图 7-85

图 7-86

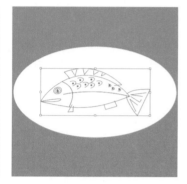
图 7-87

7.6 "风格化"效果组

"风格化"效果组中的效果可以为对象添加内发光、圆角、投影等特殊效果，如图 7-88 所示为"风格化"效果组中包含的效果。本小节将针对这些效果进行介绍。

内发光(I)...
圆角(R)...
外发光(O)...
投影(D)...
涂抹(B)...
羽化(F)...

图 7-88

■ 7.6.1 "内发光"效果

"内发光"效果是以在对象内部添加亮调的方式实现内发光效果。

选中要添加效果的对象，如图 7-89 所示。执行"效果"|"风格化"|"内发光"命令，打开"内发光"对话框，如图 7-90 所示。在该对话框中设置完参数后单击"确定"按钮，即可为选中的对象添加"内发光"效果，如图 7-91 所示。

图 7-89

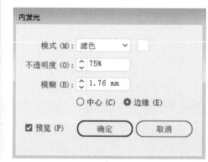
图 7-90

图 7-91

Adobe Illustrator CC 课堂实录

下面，将针对"内发光"对话框中的选项进行介绍：

◎ 模式：用于在下拉列表中选取不同的选项以指定发光的混合模式。

◎ 不透明度：在该文本框中输入相应的数值，可以指定所需发光的不透明度百分比。

◎ 模糊：在该文本框中输入相应的数值，可以指定要进行模糊处理之处到选区中心或选区边缘的距离。

◎ 中心：选中该单选按钮时，将创建从选区中心向外发散的发光效果。

◎ 边缘：选中该单选按钮时，将创建从选区边缘向内发散的发光效果。

■ 7.6.2 "圆角"效果

"圆角"效果可以将路径上的尖角转换为圆角。

选中要添加效果的对象，如图7-92所示。执行"效果"|"风格化"|"圆角"命令，打开"圆角"对话框，如图7-93所示。在该对话框中设置完圆角半径参数后单击"确定"按钮，即可将选中对象的尖角转换为圆角，效果如图7-94所示。

图 7-92

图 7-93

图 7-94

■ 7.6.3 "外发光"效果

"外发光"效果可以在对象的外侧创建发光效果。

选中要添加效果的对象，如图7-95所示。执行"效果"|"风格化"|"外发光"命令，打开"外发光"对话框，如图7-96所示。在该对话框中设置完参数后单击"确定"按钮，即可为选中的对象添加"外发光"效果，如图7-97所示。

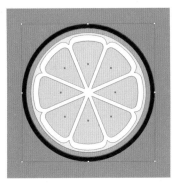

图 7-95

图 7-96

图 7-97

下面将针对"外发光"对话框中的选项进行介绍：

◎ 模式：用于在下拉列表中选取不同的选项以指定发光的混合模式。

◎ 不透明度：在该文本框中输入相应的数值，可以指定所需发光的不透明度百分比。

◎ 模糊：在该文本框中输入相应的数值，可以指定要进行模糊处理之处到选区中心或选区边缘的距离。

■ 7.6.4 "投影"效果

"投影"效果可以为选中对象添加投影。

选中要添加效果的对象，如图 7-98 所示。执行"效果"|"风格化"|"投影"命令，打开"投影"对话框，如图 7-99 所示。在该对话框中设置完参数后单击"确定"按钮，即可为选中的对象添加"投影"效果，如图 7-100 所示。

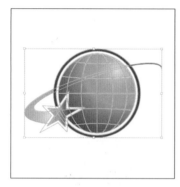

图 7-98   图 7-99   图 7-100

下面将针对"投影"对话框中的选项进行介绍：

◎ 模式：设置投影的混合模式。

◎ 不透明度：设置投影的不透明度百分比。

◎ X 位移和 Y 位移：设置投影偏离对象的距离。

◎ 模糊：设置要进行模糊处理之处距离阴影边缘的距离。

◎ 颜色：设置阴影的颜色。

◎ 暗度：设置为投影添加的黑色深度百分比。

■ 实例：制作书籍卷边效果

下面将利用投影效果制作书籍卷边效果。

Step01 打开 Illustrator 软件，执行"文件"|"新建"命令，打开"新建文档"对话框，设置参数如图 7-101 所示。完成后单击"创建"按钮，新建文档。

图 7-101

Step02 执行"文件"|"置入"命令，置入本章素材"书籍.jpg"，如图 7-102 所示。按 Ctrl+2 组合键锁定素材图层。

Step03 使用"钢笔工具" ✏ 在画板中绘制闭合路径，如图 7-103 所示。

Step04 选中绘制的闭合路径，在"渐变"面板中设置渐变，如图 7-104 所示。

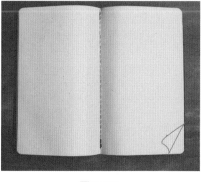

图 7-102   图 7-103   图 7-104

Step05 设置渐变后的效果如图 7-105 所示。

Step06 选中闭合路径，在"透明度"面板中设置混合模式为"变暗"，效果如图 7-106 所示。

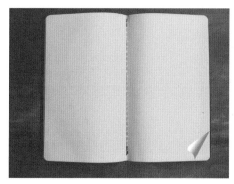

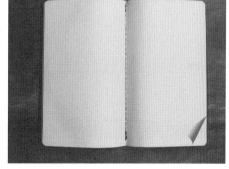

图 7-105   图 7-106

Step07 选中闭合路径，执行"效果"|"风格化"|"投影"命令，在打开的"投影"对话框中设置参数，如图 7-107 所示。完成后单击"确定"按钮，为选中的对象添加投影效果，如图 7-108 所示。

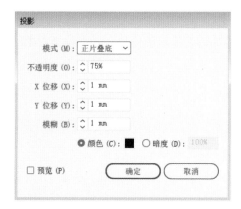

图 7-107   图 7-108

Step08 选中闭合路径，按 Ctrl+C 和 Ctrl+B 组合键复制并贴在后面，删除复制路径多余锚点，在控制栏中设置填充"无"，描边为"黑色"，效果如图 7-109 所示。

Step09 选中复制对象，执行"窗口"|"外观"命令，在打开的"外观"面板中选中"投影"效果，单击底部的"删除所选项目"按钮删除效果，效果如图 7-110 所示。

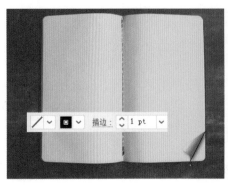

图 7-109 　　　　　　　　　　　　　　图 7-110

Step10 选中复制对象，执行"效果"|"模糊"|"高斯模糊"命令，在打开的"高斯模糊"对话框中设置参数，如图 7-111 所示。完成后单击"确定"按钮，为选中的对象添加模糊效果，如图 7-112 所示。

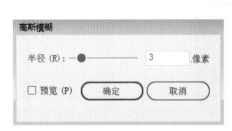

图 7-111 　　　　　　　　　　　　　　图 7-112

至此，完成书籍卷边效果的制作。

■ 7.6.5 "涂抹"效果

"涂抹"效果可以按照选中对象的边缘形状，添加画笔涂抹的效果，并保持原对象的颜色和基本形状。

■ 实例：绘制手绘粉色小象效果

下面将利用"涂抹"效果绘制手绘粉色小象效果。

Step01 打开本章素材文件"小象 .ai"，选中粉色小象，如图 7-113 所示。

Step02 执行"效果"|"风格化"|"涂抹"命令，打开"涂抹选项"对话框，如图 7-114 所示。在该对话框中设置完参数后单击"确定"按钮，为小象添加相应的效果，如图 7-115 所示。至此，完成手绘粉色小象效果。

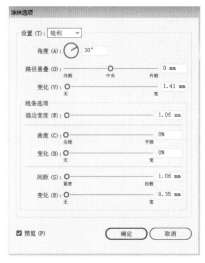

图 7-113	图 7-114	图 7-115

下面将针对"涂抹选项"对话框中的选项进行介绍：

◎ 设置：使用预设的涂抹效果，从"设置"下拉列表中选择一种涂抹效果，从而对图形快速进行涂抹。

◎ 角度：在该文本框中输入相应角度，用于控制涂抹线条的方向。

◎ 路径重叠：用于控制涂抹线条在路径边界内部距路径边界的量或在路径边界外距路径边界的量。负值将涂抹线条控制在路径边界内部，正值则将涂抹线条延伸至路径边界外部。

◎ 变化：用于控制涂抹线条彼此之间的相对长度差异。

◎ 描边宽度：用于控制涂抹线条的宽度。

◎ 曲度：用于控制涂抹曲线在改变方向之前的曲度。

◎ 变化：用于控制涂抹曲线彼此之间的相对曲度差异大小。

◎ 间距：用于控制涂抹线条之间的折叠间距量。

◎ 变化：用于控制涂抹线条之间的折叠间距差异量。

■ 7.6.6 "羽化"效果

"羽化"效果可以模拟制作对象边缘的不透明度渐隐效果。

选中要羽化的对象，如图7-116所示。执行"效果"|"风格化"|"羽化"命令，打开"羽化"对话框，如图7-117所示。在该对话框中设置羽化半径参数后单击"确定"按钮，即可羽化选中的对象，如图7-118所示。

图 7-116	图 7-117	图 7-118

课堂实战：制作工笔画扇面

下面将利用本章学习的知识制作工笔画扇面。主要用到的工具有"椭圆工具""矩形工具""文字工具"等。

Step01 打开 Illustrator 软件，执行"文件"|"新建"命令，打开"新建文档"对话框，设置参数如图 7-119 所示。完成后单击"创建"按钮，新建文档。

Step02 使用"矩形工具"绘制与画板等大的矩形，并设置填充，效果如图 7-120 所示。

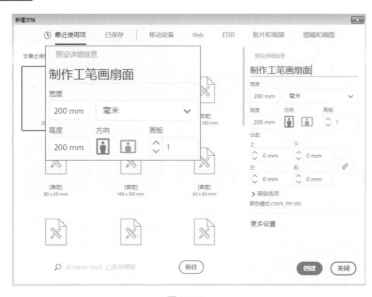

图 7-119　　　　　　　　　　　　　　　图 7-120

Step03 选中绘制的矩形，按 Ctrl+C 组合键复制，按 Ctrl+F 组合键贴在前面。选中复制的矩形，执行"效果"|"艺术效果"|"涂抹棒"命令，打开"涂抹棒"对话框并设置参数，如图 7-121 所示。完成后单击"确定"按钮。

Step04 选中添加效果的矩形，执行"窗口"|"透明度"命令，在打开的"透明度"面板中设置"混合模式"为柔光，"不透明度"为 80%，效果如图 7-122 所示。

图 7-121　　　　　　　　　　　　　　　图 7-122

Step05 按住 Shift 键使用"椭圆工具"绘制正圆，在控制栏中设置填充和描边参数，效果如图 7-123 所示。

Step06 选中绘制的正圆，执行"对象"|"路径"|"轮廓化描边"命令，将路径转换为矢量对象，如图 7-124 所示。

Step07 执行"文件"|"置入"命令，置入本章素材"花 .png"，并调整合适大小与位置，效果如图 7-125 所示。

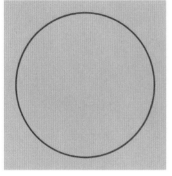
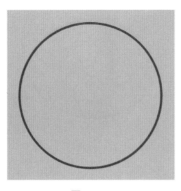

图 7-123　　　　　　　　　　图 7-124　　　　　　　　　　图 7-125

Step08 选中置入的素材文件，在"透明度"面板中设置混合模式为"变暗"，效果如图 7-126 所示。

Step09 选中素材对象，执行"效果"|"艺术效果"|"海报边缘"命令，在打开的"海报边缘"对话框中设置参数，如图 7-127 所示。完成后单击"确定"按钮。

Step10 选中素材对象，执行"效果"|"艺术效果"|"干画笔"命令，在打开的"干画笔"对话框中设置参数，如图 7-128 所示。

图 7-126

图 7-127　　　　　　　　　　　　　图 7-128

Step11 完成后单击"确定"按钮，效果如图 7-129 所示。

Step12 按住 Shift 键使用"椭圆工具"绘制正圆，选中绘制的正圆与素材对象，单击鼠标右键，在弹出的快捷菜单中选择"建立剪切蒙版"命令，效果如图 7-130 所示。

Step13 选中添加效果的矩形对象，按 Ctrl+C 组合键复制，按 Ctrl+F 组合键贴在前面。按住 Shift 键使用"椭圆工具"绘制正圆，选中绘制的正圆与复制对象，单击鼠标右键，在弹出的快捷菜单中选择"建立剪切蒙版"命令，在"图层"面板中调整剪切组至素材对象下面一层，效果如图 7-131 所示。

图 7-129

图 7-130

图 7-131

Step14 使用"文字工具"在画板中合适位置输入文字，如图 7-132 所示。

Step15 选中除矩形外的所有对象，按 Ctrl+G 组合键编组。执行"效果"|"风格化"|"投影"命令，在弹出的"投影"对话框中设置参数，如图 7-133 所示。完成后单击"确定"按钮，效果如图 7-134 所示。

图 7-132

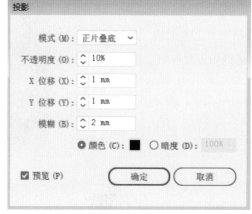
图 7-133

图 7-134

至此，完成工笔画扇面的制作。

课后作业

一、填空题

1. _____效果可以增加对象的厚度，从而创建立体效果。
2. 若想制作酒杯之类的 3D 效果，可以通过_____效果来实现。
3. 若想制作顺时针或逆时针扭转对象形状的效果，可以通过_____效果来实现。
4. _____效果可以波纹化扭曲路径边缘，使路径内外侧分别出现波纹或锯齿状的线段锚点。
5. _____效果可以模拟制作对象边缘的不透明度渐隐效果。

二、选择题

1. 若想绘制 3D 圆环，应使用的 3D 效果是（　　）。
A. 凸出和斜角　　　　　　B. 绕转　　　　　　C. 旋转　　　　　　D. 偏移

2. 下列关于涂抹效果的描述，正确的是（　　）。
A. 涂抹效果只对闭合路径有效
B. 涂抹效果只对开放路径有效
C. 涂抹效果只对矢量图形有效
D. 涂抹效果只对像素组成的图像有效

3. 若想制作对象边缘虚化效果，可以使用的效果是（　　）。
A. 变换　　　　　　　　　B. 羽化　　　　　　C. 波纹　　　　　　D. 外发光

4. 若想制作透视变形效果，可以使用的效果是（　　）。
A. 自由扭曲　　　　　　　B. 扭拧　　　　　　C. 变换　　　　　　D. 扭转

三、操作题

1. 制作画中画效果

（1）画中画设计效果如图 7-135 所示。

图 7-135

（2）操作思路。
◎ 置入素材对象，添加高斯模糊效果；
◎ 置入素材对象，裁剪至合适大小并调整角度；
◎ 置入素材对象，添加投影效果。

2. 制作素描画效果

（1）图像处理前后效果对比如图 7-136 和图 7-137 所示。
（2）操作思路。
◎ 置入素材对象并复制；
◎ 依次为复制对象添加水彩画笔、便条纸、绘图笔效果；
◎ 调整复制对象的混合模式。

图 7-136

图 7-137

第〈8〉章

外观与样式详解

内容导读

本章主要针对 Illustrator 软件中对象的外观与样式进行介绍。Illustrator 软件中包含一些预设的图形样式，通过这些预设的图形样式以及"透明度"面板和"外观"面板，可以帮助用户为对象添加编辑效果，更好地制作作品。

学习目标

- ➤ 掌握"透明度"面板的使用；
- ➤ 学会不透明度蒙版的制作；
- ➤ 学会通过"外观"面板编辑对象效果；
- ➤ 学会应用图形样式。

8.1 "透明度"面板

通过使用"透明度"面板，用户可以调整对象的不透明度、混合模式以及制作不透明度蒙版。执行"窗口"|"透明度"命令，打开"透明度"面板，如图8-1所示。

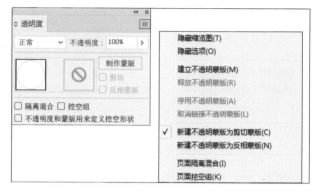

图8-1

其中，"透明度"面板中各选项作用如下：

◎ 混合模式：设置所选对象与下层对象的颜色混合模式。

◎ 不透明度：通过调整数值控制对象的透明效果，数值越大对象越不透明；数值越小，对象越透明。

◎ 不透明度蒙版：显示所选对象的不透明度蒙版效果。

◎ 剪切：将对象建立为当前对象的剪切蒙版。

◎ 反相蒙版：将当前对象的蒙版颜色反相。

◎ 隔离混合：勾选该复选框可以防止混合模式的应用范围超出组的底部。

◎ 挖空组：勾选该复选框后，在透明挖空组中，元素不能透过彼此而显示。

◎ 不透明度和蒙版用来定义挖空形状：勾选该复选框可以创建与对象不透明度成比例的挖空效果。在接近100%不透明度的蒙版区域中，挖空效果较强；在具有较低不透明度的区域中，挖空效果较弱。

下面将针对"透明度"面板的使用进行介绍。

■ 8.1.1 混合模式

"混合模式"是将当前对象与底部对象以一种特定的方式进行混合，以产生特殊的画面效果的操作。

选中对象，执行"窗口"|"透明度"命令，打开"透明度"面板，在"透明度"面板中单击"混合模式"按钮，弹出包含16种混合模式的下拉列表，如图8-2所示。选中任意混合模式，当前选中的对象即可应用相应的混合效果。

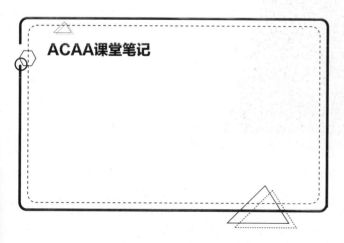

ACAA课堂笔记

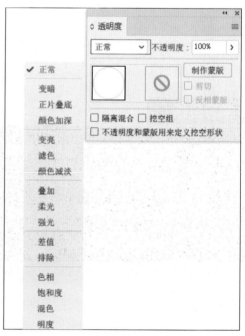

图8-2

选中任意对象，在"透明度"面板中单击"混合模式"按钮，在弹出的下拉列表中选择混合模式，下面将对这 16 种混合模式的效果进行介绍。

◎ 正常：默认情况下图形的混合模式为正常，当前选择的对象不与下层对象产生混合效果，如图 8-3 所示。

◎ 变暗：选择基色或混合色中较暗的一个作为结果色。比混合色亮的区域会被结果色所取代，比混合色暗的区域将保持不变，如图 8-4 所示。

图 8-3   图 8-4

◎ 正片叠底：将基色与混合色混合，得到的颜色比基色和混合色都要暗。将任何颜色与黑色混合都会产生黑色；将任何颜色与白色混合颜色保持不变，如图 8-5 所示。

◎ 颜色加深：加深基色以反映混合色，与白色混合后不产生变化，如图 8-6 所示。

图 8-5   图 8-6

◎ 变亮：选择基色或混合色中较亮的一个作为结果色。比混合色暗的区域将被结果色所取代；比混合色亮的区域将保持不变，如图 8-7 所示。

◎ 滤色：将基色与混合色的反相色混合，得到的颜色比基色和混合色都要亮。将任何颜色与黑色混合则颜色保持不变；将任何颜色与白色混合都会产生白色，如图 8-8 所示。

图 8-7   图 8-8

◎ 颜色减淡：加亮基色以反映混合色，与黑色混合后不产生变化，如图 8-9 所示。

◎ 叠加：对颜色进行过滤并提亮上层图像，具体取决于基色。图案或颜色叠加在现有的图稿上，在与混合色混合以反映原始颜色的亮度和暗度的同时，保留基色的高光和阴影，如图 8-10 所示。

图 8-9   图 8-10

◎ 柔光：使颜色变暗或变亮，具体取决于混合色。若上层图像比 50% 灰色亮，则图像变亮；若上层图像比 50% 灰色暗，则图像变暗，如图 8-11 所示。

◎ 强光：对颜色进行过滤，具体取决于混合色即当前图像的颜色。若上层图像比 50% 灰色亮，则图像变亮；若上层图像比 50% 灰色暗，则图像变暗，如图 8-12 所示。

图 8-11   图 8-12

◎ 差值：从基色减去混合色或从混合色减去基色，具体取决于哪一种的亮度值较大。与白色混合将反转基色值，与黑色混合则不发生变化，如图 8-13 所示。

◎ 排除：创建一种与"差值"模式相似但对比度更低的效果。与白色混合将反转基色分量，与黑色混合则不发生变化，如图 8-14 所示。

图 8-13   图 8-14

◎ 色相：用基色的亮度和饱和度以及混合色的色相创建结果色，如图 8-15 所示。

◎ 饱和度：用基色的亮度和色相以及混合色的饱和度创建结果色，在饱和度为 0 的灰度区域上应用此模式着色不会产生变化，如图 8-16 所示。

图 8-15

图 8-16

◎ 混色：用基色的亮度以及混合色的色相和饱和度创建结果色。这样可以保留图稿中的灰阶，适用于给单色图稿上色以及给彩色图稿染色，如图 8-17 所示。

◎ 明度：用基色的色相和饱和度以及混合色的亮度创建结果色，如图 8-18 所示。

图 8-17

图 8-18

8.1.2 不透明度

"不透明度"是指对象半透明的程度，数值越小越透明，常用于制作多个对象之间的融合效果。

选中对象，执行"窗口"|"透明度"命令，打开"透明度"面板，在该面板中可以设置对象的不透明度，默认不透明度是 100%，如图 8-19 所示。在"不透明度"文本框中输入数值或拖动滑块即可调整对象的"不透明度"数值，如图 8-20 所示。

图 8-19

图 8-20

8.1.3 不透明度蒙版

"不透明度蒙版"可以通过在对象上层添加黑色、白色或灰色的图形来控制对象的显示和隐藏，是一种非破坏性编辑方式。

其中，对象中对应"不透明度蒙版"中黑色的部位变为透明，对应灰色的部位变为半透明，对应白色的部位变为不透明。下面将通过实例对不透明度蒙版的新建与编辑进行介绍。

实例：制作按钮倒影

这里将制作按钮的倒影，涉及的知识点主要是不透明度蒙版的应用。

Step01 打开本章素材"按钮 ai"，如图 8-21 所示。

Step02 使用"矩形工具"在需要添加不透明度蒙版的对象上绘制矩形，此时绘制的矩形为默认选中状态，如图 8-22 所示。

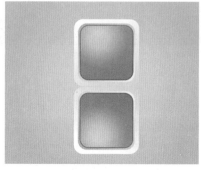

图 8-21

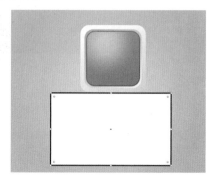

图 8-22

Step03 在控制栏中设置矩形为黑白渐变，如图 8-23 所示。

Step04 选中对象与绘制的矩形，在"透明度"面板中单击"制作蒙版"按钮，如图 8-24 所示。

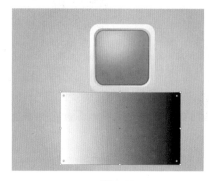

图 8-23

图 8-24

Step05 此时，即为选中对象添加了不透明度蒙版，效果如图 8-25 所示。

Step06 选中"透明度"面板中的蒙版缩略图，使用"渐变工具" ■在画板中调整渐变，可以调整不透明度蒙版效果，如图 8-26 所示。

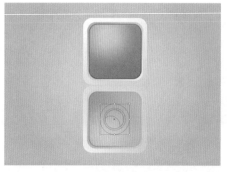

图 8-25

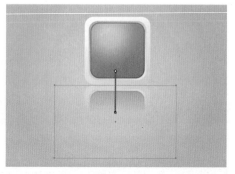

图 8-26

至此，完成按钮倒影的制作。

默认情况下，对象和蒙版是链接在一起的，蒙版随着对象的变化而变化，如图8-27所示。单击"透明度"面板中对象缩略图与蒙版缩略图之间的链接按钮，即可取消对象和蒙版的链接，单独操作蒙版或对象，如图8-28所示。

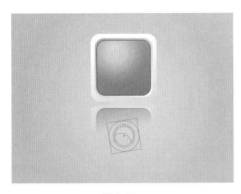

图 8-27

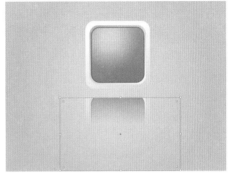

图 8-28

单击"透明度"面板中的"释放"按钮，或者单击"透明度"面板右上角的"菜单"按钮，在弹出的下拉菜单中执行"释放不透明蒙版"命令，即可删除不透明蒙版，效果如图8-29和图8-30所示。

图 8-29

图 8-30

勾选"透明度"面板中的"剪切"复选框，可以隐藏全部图形，通过编辑蒙版使图片显示，若不勾选该复选框，图形将被显示，通过编辑蒙版隐藏相应的区域。

勾选"透明度"面板中的"反相蒙版"复选框，将反相当前的蒙版，即对象隐藏的部分显示，显示的部分隐藏。

单击"透明度"面板右上角的"菜单"按钮，在弹出的下拉菜单中执行"停用不透明蒙版"命令，或者按住Shift键单击蒙版缩略图，即可暂时取消不透明蒙版效果。

单击"透明度"面板右上角的"菜单"按钮，在弹出的下拉菜单中执行"启用不透明蒙版"命令，或者按住Shift键再次单击蒙版缩略图，即可重新启用不透明蒙版效果。

8.2 "外观"面板

用户可以在"外观"面板中调整所选对象的描边、填充等基本外观属性，也可以对对象添加的效果进行调整，下面将对该面板进行具体的介绍。

■ 8.2.1 认识"外观"面板

执行"窗口"|"外观"命令，或按 Shift+F6 组合键，打开"外观"面板，如图 8-31 所示。在该面板中既显示了选中对象的外观属性，也可以对选中对象的外观效果进行编辑和调整。

下面将对"外观"面板中部分选项进行介绍：

◎ 菜单按钮 ≡：用于打开快捷菜单以执行相应的命令。

◎ 单击切换可视性 ◉：用于切换属性或效果的显示与隐藏。

◎ 添加新描边 ▢：用于为选中对象添加新的描边。

◎ 添加新填色 ▣：用于为选中对象添加新的填色。

◎ 添加新效果 𝑓𝑥.：用于为选中的对象添加新的效果。

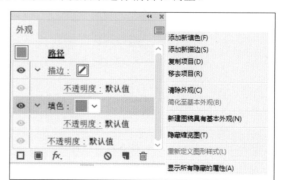

图 8-31

◎ 清除外观 ◌：清除选中对象的所有外观属性与效果。

◎ 复制所选项目 ⬛：在"外观"面板中复制选中的属性。

◎ 删除所选项目 🗑：在"外观"面板中删除选中的属性。

■ 8.2.2 修改对象外观属性

通过"外观"面板，用户可以便捷地修改对象的外观属性及效果。

选中需要修改外观属性的对象，如图 8-32 所示。执行"窗口"|"外观"命令，打开"外观"面板，如图 8-33 所示。

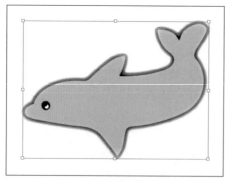

图 8-32

图 8-33

下面将针对选中对象不同属性的修改进行介绍。

1. 填色

单击"外观"面板中的"填色"色块，在弹出的面板中重新选择合适的颜色，如图 8-34 所示，即可修改选中对象的填充颜色，如图 8-35 所示。

图 8-34

图 8-35

知识点拨

按住 Shift 键单击"外观"面板中的"填色"色块，可以打开替代色彩用户界面。

2. 描边

修改"描边"属性与修改"填色"属性的方法类似，下面以"新建描边"为例进行讲解。单击"外观"面板底部的"添加新描边"□按钮，在"外观"面板中新建描边属性，如图 8-36 所示。在"外观"面板中设置新建描边的颜色和宽度，即可为选中对象添加新的描边，如图 8-37 所示。

图 8-36

图 8-37

3. 不透明度

单击"外观"面板中的"不透明度"名称，即可打开"透明度"面板，对选中属性的不透明度进行修改，如图 8-38 所示，效果如图 8-39 所示。

图 8-38

图 8-39

4. 效果

单击"外观"面板中的效果名称，即可打开相应的效果对话框进行修改，如图 8-40 所示。设置完成后单击"确定"按钮，即可修改选中对象的相应效果，如图 8-41 所示。

图 8-40   图 8-41

■ 8.2.3 管理对象外观属性

用户可以通过调整"外观"面板中不同属性的排列顺序，来调整对象的显示效果。

在"外观"面板中选中需要调整顺序的属性，按住鼠标左键上下拖曳至合适位置，待"外观"面板中出现一条蓝色粗线后释放鼠标左键，如图 8-42 所示，即可改变选中对象的效果，如图 8-43 所示。

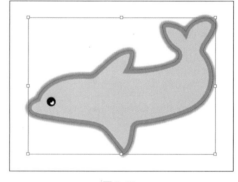

图 8-42   图 8-43

若想删除多余的属性，选中该属性后单击"外观"面板中的"删除所选项目" 按钮即可。

8.3 "图形样式"面板

Illustrator 软件中的"图形样式"面板中包含一些设置好的特效组合，在使用时可以快速便捷地帮助用户赋予对象不同的效果。下面将对该面板的应用进行介绍。

■ 8.3.1 应用图形样式

应用图形样式为对象添加效果非常便捷。选中画板中的对象，如图 8-44 所示。执行"窗口"|"图形样式"命令，打开"图形样式"面板，如图 8-45 所示。单击"图形样式"面板中的样式，即可赋予选中对象相应的图形样式，如图 8-46 所示。

图 8-44   图 8- 45   图 8-46

除了"图形样式"面板中展示的样式，用户还可以单击"图层样式"面板左下角的"图形样式库菜单" 按钮，或执行"窗口"|"图形样式库"命令，在打开的样式库列表中找到更多样式，如图8-47所示。

选中任一样式库，打开相应的图形样式面板，如图8-48所示。在该面板中单击样式即可为选中的对象添加相应的图形样式，如图8-49所示。

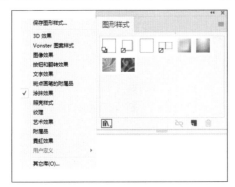

图 8-47   图 8-48   图 8-49

操作提示

当赋予对象图形样式后，该对象和图形样式之间就建立了"链接"关系。设置该对象外观时，就会影响到相应的样式。单击"图形样式"面板中的"断开图形样式链接" 按钮，即可断开链接。

如果要删除"图形样式"面板中的样式，可以选中图形样式，单击"删除" 按钮即可删除该样式。

ACAA课堂笔记

■ 实例：制作霓虹灯效果

下面将利用"图形样式"面板中的样式制作霓虹灯效果。

Step01 打开 Illustrator 软件，执行"文件"|"新建"命令，打开"新建文档"对话框，设置参数如图 8-50 所示。完成后单击"创建"按钮，新建文档。

图 8-50

Step02 执行"文件"|"置入"命令，置入本章素材"砖墙.jpg"，如图 8-51 所示。按 Ctrl+2 组合键锁定素材图层。

Step03 使用"矩形工具"■在画板中绘制一个与砖墙素材等大的矩形，在"渐变"面板中设置渐变，如图 8-52 所示。

Step04 选中绘制的矩形，在"透明度"面板中设置混合模式为"正片叠底"，效果如图 8-53 所示。

图 8-51

图 8-52

图 8-53

Step05 使用"椭圆工具"●在画板中合适位置处绘制椭圆，如图 8-54 所示。

Step06 选中绘制的椭圆，按 Ctrl+C 组合键复制，按 Ctrl+F 组合键贴在前面，按住 Shift 键等比例调整至合适大小，如图 8-55 所示。

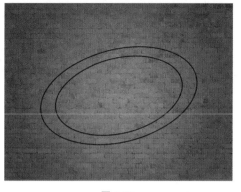

图 8-54 图 8-55

Step07 使用"文字工具" **T** 在画板中合适位置处单击并输入文字,如图 8-56 所示。

Step08 选中输入的文字,单击鼠标右键,在弹出的快捷菜单中执行"创建轮廓"命令,将文字转换为矢量对象,在控制栏中设置"填充"为无,"描边"为黑色,效果如图 8-57 所示。

图 8-56 图 8-57

Step09 使用相同的方法输入其他文字并转换为矢量对象,如图 8-58 所示。

Step10 使用"钢笔工具" ✏ 在画板中绘制路径,如图 8-59 所示。

图 8-58 图 8-59

Step11 按住 Shift 键使用"星形工具" ☆ 绘制正五角形,如图 8-60 所示。

Step12 执行"窗口"|"图形样式库"|"霓虹效果"命令,打开"霓虹效果"面板,如图 8-61 所示。

图 8-60   图 8-61

Step13 选中两个椭圆，单击"霓虹效果"面板中的霓虹效果，效果如图 8-62 所示。

Step14 使用相同的方法，为其他路径赋予霓虹效果，如图 8-63 所示。

图 8-62   图 8-63

Step15 使用"剪刀工具" ✂ 在椭圆路径上单击，选中并删除多余部分，效果如图 8-64 和图 8-65 所示。

图 8-64   图 8-65

Step16 选中绘制的所有路径，按 Ctrl+G 组合键编组。执行"效果"|"风格化"|"投影"命令，在打开的"投影"对话框中设置参数，如图 8-66 所示。完成后单击"确定"按钮，效果如图 8-67 所示。

ACAA课堂笔记

Adobe Illustrator CC 课堂实录

图 8-66 图 8-67

至此，完成霓虹灯效果的制作。

■ 8.3.2 新建图形样式

在 Illustrator 软件中，用户可以根据自己的需要新建图形样式。

选中需要作为新建图形样式的对象，如图 8-68 所示。执行"窗口"|"图形样式"命令，打开"图形样式"面板，单击"图形样式"面板底部的"新建图形样式" ▣ 按钮，即可创建新的图层样式，此时新建的图形样式在"图形样式"面板中显示，如图 8-69 所示。

通过这种方式新建的图形样式，仅存在于当前文档中，用户若想永久地保存新建的图形样式，可以将相应的样式保存为样式库，以后随时调用该样式库，即可找到相应的样式。

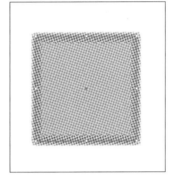

图 8-68 图 8-69

选中需要保存的图形样式，单击"菜单" ☰ 按钮，执行"存储图形样式库"命令，在弹出的"将图形样式存储为库"对话框中设置一个合适的名称，单击"保存"按钮，如图 8-70 所示。

若要找到保存的图形样式，可以单击"图层样式库菜单" ▥ 按钮，执行"用户定义"命令即可看到保存的图形样式，如图 8-71 所示。

图 8-70 图 8-71

8.3.3 合并图形样式

在 Illustrator 软件中，用户可以通过合并现有的图形样式，来得到新的图形样式。

在"图形样式"面板中选中要合并的图形样式，单击"菜单"≡按钮，执行"合并图形样式"命令，如图 8-72 所示。打开"图形样式选项"对话框，如图 8-73 所示。在该对话框中设置样式名称后单击"确定"按钮即可合并图形样式。

合并的图形样式将包含所选图形样式的全部属性，并将被添加到"图形样式"面板中图形样式列表的末尾，如图 8-74 所示。任选一对象，赋予该图形样式，效果如图 8-75 所示。

图 8-72

图 8-73

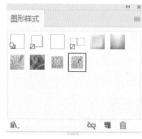

图 8-74

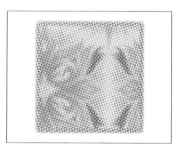

图 8-75

课堂实战：制作 PPT 封面

下面利用本章学习的知识制作 PPT 封面。

Step01 打开 Illustrator 软件，执行"文件"|"新建"命令，打开"新建文档"对话框，设置参数如图 8-76 所示。完成后单击"创建"按钮，新建文档。

Step02 执行"文件"|"置入"命令，置入本章素材"背景 .jpg"，如图 8-77 所示。

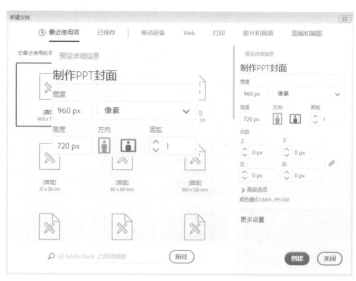

图 8-76

图 8-77

Step03 使用"矩形工具" □ 在画板中绘制矩形，如图 8-78 所示。

Step04 选中绘制的矩形与置入的素材对象，单击鼠标右键，在弹出的快捷菜单中执行"建立剪切蒙版"命令，创建剪切蒙版，如图 8-79 所示。

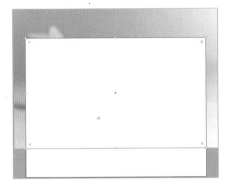

图 8-78

图 8-79

Step05 使用"矩形工具" □ 在画板中绘制矩形，在控制栏中设置"填充"为白色，"描边"为无，在"透明度"面板中设置"不透明度"为 30%，效果如图 8-80 所示。

Step06 使用相同的方法绘制矩形，如图 8-81 所示。

图 8-80

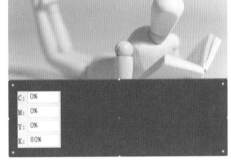

图 8-81

Step07 使用相同的方法绘制矩形，如图 8-82 和图 8-83 所示。

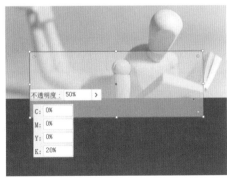

图 8-82

图 8-83

Step08 执行"文件"|"置入"命令，置入本章素材"图标 .png"，如图 8-84 所示。

Step09 选中置入的"图标 .png"素材，在控制栏中单击"图像描摹"按钮，效果如图 8-85 所示。

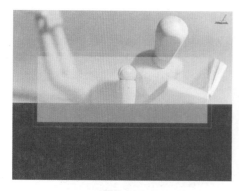

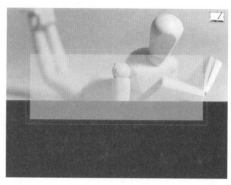

图 8-84   图 8-85

Step10 选中临摹过的素材文件，单击控制栏中的"扩展"按钮，删除图中的多余部分，效果如图 8-86 所示。

Step11 选中扩展后的素材文件，执行"窗口"|"图形样式库"|"涂抹效果"命令，在打开的"涂抹效果" 面板中选中涂抹 5，效果如图 8-87 所示。

图 8-86   图 8-87

Step12 使用"文字工具"在画板中合适位置输入文字，如图 8-88 所示。选中输入的文字，拖动鼠标 将其拉高，效果如图 8-89 所示。

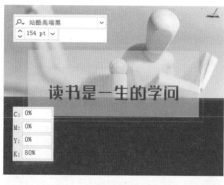

图 8-88   图 8-89

Step13 使用相同的方法输入文字，如图 8-90 和图 8-91 所示。

图 8-90

图 8-91

至此，完成 PPT 封面的制作。

课后作业

一、填空题

1. 添加不透明度蒙版后，对象中对应"不透明度蒙版"中_____的部位变为透明，对应_____的部位变为半透明，对应_____的部位变为不透明。

2. 按_____组合键，可以打开"外观"面板。在该面板中既显示了选中对象的外观属性，也可以对选中对象的外观效果进行编辑和调整。

3. 混合模式中的_____可以将基色与混合色混合，得到比基色和混合色都要暗的颜色。

4. 混合模式中的_____可以加亮基色以反映混合色，但与黑色混合后不产生变化。

二、选择题

1. 以下可以实现图像的渐变透明操作的是（　　　）。

A. 渐变工具　　　　　　B. 复合路径　　　　　　C. 不透明度蒙版　　　　D. 剪切蒙版

2. "外观"面板中不包括以下哪个属性？（　　　）

A. 填色　　　　　　　　B. 画笔样式　　　　　　C. 描边　　　　　　　　D. 效果

3. 下列关于图形样式的描述，正确的是（　　　）。

A. 添加了图形样式，便无法更改

B. 可以从当前图形样式面板中的图形样式创建图形样式库随时调用

C. 不可以从对象的外观属性创建图形样式

D. 图形样式与外观属性是两个完全不同的概念

4. 下列关于不透明度蒙版的描述，不正确的是（　　　）。

A. 不透明度蒙版是一种非破坏性的编辑方式

B. 默认情况下，对象和不透明度蒙版是链接在一起的，蒙版随着对象的变化而变化

C. 不透明度蒙版创建后不可以进行修改

D. 单击"透明度"面板中的"释放"按钮，可以删除不透明度蒙版

三、操作题

1. 制作湖面倒影效果

（1）图像设计效果如图 8-92 所示。

（2）操作思路。

◎ 置入素材对象后，复制并镜像；

◎ 绘制渐变矩形，创建不透明度蒙版；

◎ 添加海洋波纹效果；

◎ 置入湖面背景素材，调整不透明度蒙版混合模式即可。

2. 制作促销海报

（1）促销海报设计效果如图 8-93 所示。

（2）操作思路。

◎ 绘制矩形并填充；

◎ 置入素材对象，裁剪至合适大小，调整混合模式；

◎ 绘制矩形并添加图形样式；

◎ 输入文字并添加图形样式。

图 8-92

图 8-93

第<9>章 ——————

文档输出详解

内容导读

在 Illustrator 软件中设计完成作品后，针对其不同的用途，可以以不同的形式将其输出。包括导出不同的格式、设置打印参数以及创建 WEB 文件等。本章主要针对不同输出文档的操作方法进行介绍。

朋友_01　　朋友_02　　朋友_03

朋友_04　　朋友_05　　朋友_06

朋友_07　　朋友_08　　朋友_09

学习目标

» 学会导出文件；

» 学会打印文件及其设置；

» 掌握输出网页图形的方法。

Illustrator 软件中绘制的对象，在保存时默认为 AI 格式，该格式文件只能在相关的软件中打开和查看。若想使保存的文件为其他格式，可以通过"导出"命令来实现。下面将对其进行介绍。

■ 9.1.1 导出图像格式

图像格式分为位图格式和矢量图格式两种。位图图像格式包括带图层的 PDF 格式、JPEG 格式以及 TIFF 格式；矢量图格式包括 PDF 格式、JPEG 格式、TIFF 格式、PNG 格式、CAD 格式、FLASH 格式等。

执行"文件"|"导出"|"导出为"命令，打开"导出"对话框，设置文件名称与保存类型后单击"导出"按钮即可导出图像格式的文件，如图 9-1 所示。

其中，部分常用格式介绍如下。

1. PDF 格式

PDF 格式是标准的 Photoshop 格式，若文件中包含不能导出到 Photoshop 格式的数据，Illustrator 软件可通过合并文档中的图层或栅格化文件，保留文件的外观。它是一种包含了源文件内容的图片形式的格式，是可用于直接打印的一种格式。

2. JPEG 格式

JPEG 格式是在 Web 上显示图像的标准格式，是以直接打开为图片形式的格式。

图 9-1

3. TIFF 格式

TIFF 格式是标记图像文件格式，用于在应用程序和计算机平台间交换文件的格式。

4. BMP 格式

BMP 格式是标准图像文件格式，可以指定颜色模式、分辨率和消除锯齿设置用于栅格化文件，以及格式和位深度用于确定可包含的颜色总数的图像。

■ 9.1.2 导出 AutoCAD 格式

执行"文件"|"导出"|"导出为"命令，打开"导出"对话框，如图 9-2 所示。选择保存类型为"AutoCAD 绘图（*.DWG）"，单击"导出"按钮，打开"DXF/DWG 导出选项"对话框，如图 9-3 所示。设置相关选项后单击"确定"按钮即可导出 AutoCAD 格式文件。

ACAA课堂笔记

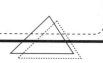

Adobe Illustrator CC 课堂实录

图 9-2　　　　　　　　　　　　　　　　　　图 9-3

■ 9.1.3　导出 SWF–Flash 格式

Flash（*.SWF）格式是一种基于矢量的图形文件格式。导出的 SWF-Flash 格式图稿可以在任何分辨率下保持其图像品质，并且非常适于创建动画帧。Illustrator 软件强大的绘图功能，为动画元素提供了保证，它可以导出 SWF 格式和 GIF 格式文件，再导入至 Flash 中进行编辑，制作成动画。

（1）制作图层动画。

在 Illustrator 软件中，绘制动画是以帧的形式，将绘制的元素释放到单独的图层中，每一个图层为动画的一帧或一个动画文件。将图层导出 SWF 帧，可以很容易地动起来。

（2）导出 SWF 动画。

Flash 是一个强大的动画编辑软件，但是在绘制矢量图形方面没有 Illustrator 软件中绘制的精美，而 Illustrator 软件虽然可以制作动画，但是不能够编辑精美的动画。两者结合，创建出的动画才会更完美。

执行"文件"|"导出"|"导出为"命令，打开"导出"对话框，如图 9-4 所示。选择保存类型为 Flash（*.SWF）格式，单击"导出"按钮，打开"SWF 选项"对话框，如图 9-5 所示。设置相关选项后单击"确定"按钮即可导出 Flash（*.SWF）格式文件。

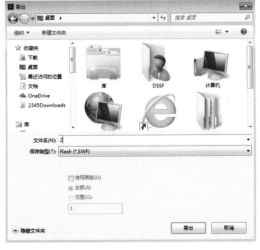

图 9-4　　　　　　　　　　　　　　　　　　图 9-5

■ 实例：导出 JPEG 格式文件

导出不同格式的方法大体一致，下面通过导出 JPEG 格式文件进行练习。

Step01 打开 Illustrator 软件，执行"文件"|"打开"命令，打开本章素材"春节手抄报 .ai"，如图 9-6 所示。

Step02 执行"文件"|"导出"|"导出为"命令，在打开的"导出"对话框中设置合适的存储位置与名称，如图 9-7 所示。

图 9-6   图 9-7

Step03 选择保存类型为 JPEG（*.JPG）格式，勾选"使用画板"复选框，然后单击"导出"按钮，打开"JPEG 选项"对话框，如图 9-8 所示。

Step04 在"JPEG 选项"对话框中设置完参数后单击"确定"按钮，导出图片，在文件中找到导出的图片并打开，如图 9-9 所示。

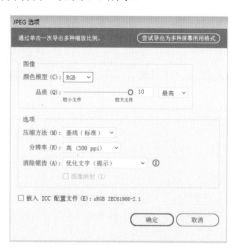

图 9-8   图 9-9

至此，完成 JPEG 格式文件的导出。

> **知识点拨**
>
> 在"导出"对话框中，若取消勾选"使用画板"复选框，可以导出整个文档中的内容。

9.2 打印 Illustrator 文件

Illustrator 软件中设计的作品，若有需要可以直接打印输出。在打印文件前，可以进行调整颜色、设置页面、添加印刷标记和出血等操作。下面将对 Illustrator 文件的打印进行介绍。

■ 9.2.1 认识打印

执行"文件"|"打印"命令，打开"打印"对话框，如图 9-10 所示。用户可以在该对话框中设置打印选项，指导完成文件的打印过程。设置完成后单击"打印"按钮即可按照设置开始打印。

图 9-10

其中，"打印"对话框中部分选项作用如下：

◎ 打印预设：用于选择预设的打印设置。

◎ 打印机：用于选择打印机。

◎ 存储打印设置▲：单击该按钮可以弹出"存储打印预设"窗口。

◎ 设置：用于打开"打印首选项"对话框，设置打印常规选项及纸张方向等。

◎ 常规选项组：用于设置页面大小和方向、打印页数、缩放图稿，指定拼贴选项以及选择要打印的图层等常规选项。

◎ 标记和出血选项组：用于选择印刷标记与创建出血。

◎ 输出选项组：用于创建分色。

◎ 图形选项组：用于设置路径、字体、PostScript 文件等打印选项。

◎ 颜色管理选项组：用于选择打印颜色配置文件和渲染方法。

◎ 高级选项组：用于控制打印期间的矢量图稿拼合（或可能栅格化）。

◎ 小结选项组：用于查看和存储打印设置小结。

9.2.2 关于分色

分色是指将图像分为两种或多种颜色的过程，用于制作印版的胶片被称为分色片。

为了重现彩色和连续色调图像，印刷上通常将图稿分为四个印版（即印刷色），分别用于图像的青色、洋红色、黄色和黑色四种原色，还可以包括自定油墨（即专色）。"打印"对话框中"输出"选项组即用于创建分色，如图 9-11 所示。

9.2.3 设置打印页面

打印页面的设置决定了打印的效果。在打开的"打印"对话框中，选择左侧选项组，即可打开相应的设置面板，从而对需要打印的文件进行设置，如图 9-12 所示为"标记和出血"选项组的设置面板。

在"标记和出血"选项组的设置面板中，可以通过调整预览框内文件的位置重新定位页面上的文件；也可以为文件添加标记和出血，更方便地打印文件。

9.2.4 打印复杂的长路径

若想要打印含有过长或过于复杂路径的 Illustrator 文件，打印机可能会发出极限检验报错的消息，而无法打印。为了解决这一情况，可以简化复杂的长路径，将其分割成两条或多条单独的路径，还可以更改用于模拟曲线的线段数，并调整打印机分辨率。

图 9-11

图 9-12

> **知识点拨**
>
> 在打印中，陷印是很重要的技术之一。颜色产生分色时，其中较浅色的对象重叠较深色的背景，看起来像是扩展到背景中，即外扩陷印；另一种是内缩陷印，其中较浅色的背景重叠陷入背景中的较深色的对象，看起来像是挤压或缩小该对象。

9.3 创建 Web 文件

网页图稿中往往包含文本、位图、矢量图等多种元素，若直接保存上传网络，很可能由于图片过大而影响网页的打开速度。为了解决这一问题，可以通过 Illustrator 软件中的"切片工具" ⍀将其裁切为小尺寸图像储存，再上传至网络。

■ 9.3.1 创建切片

"切片工具" ⍀可以将完整的网页图像划分为若干较小的图像，这些图像可在 Web 页上重新组合。在输出网页时，可以对每块图形进行优化。下面将对如何创建切片进行介绍。

1. 使用"切片工具" ⍀创建切片

使用"切片工具" ⍀创建切片，是最常用的裁切网页图像的方法。单击工具箱中的"切片工具" ⍀按钮，在图像上按住鼠标左键拖动，绘制矩形框，如图 9-13 所示。释放鼠标后画板中将会自动形成相应的版面布局，效果如图 9-14 所示。

图 9-13   图 9-14

2. 从参考线创建切片

若文件中存在参考线，即可从参考线创建切片。执行"视图"|"标尺"|"显示标尺"命令或按 Ctrl+R 组合键，显示标尺，拉出参考线，如图 9-15 所示。然后执行"对象"|"切片"|"从参考线创建"命令，即可从参考线创建切片，如图 9-16 所示。

图 9-15   图 9-16

> **知识点拨**
>
> 移动鼠标至左侧或上方的标尺上，向画板方向拖动即可创建参考线。

3. 从所选对象创建切片

选中画板中的图形对象，执行"对象"|"切片"|"从所选对象创建"命令，即可根据选中图像的最外轮廓划分切片，如图 9-17 所示。选中需要创建的切片，将其移动至任何位置，都会从所选对象的周围创建切片，如图 9-18 所示。

图 9-17

图 9-18

4. 创建单个切片

选中画板中需要创建单个切片的图像，如图 9-19 所示。执行"对象"|"切片"|"建立"命令，移动所创建的单个切片，可以在不影响其他切片变动的情况下，随意地调整这个切片，如图 9-20 所示。

图 9-19

图 9-20

■ 9.3.2 编辑切片

切片创建完成后，还可以对其进行编辑，包括选择切片、调整切片、隐藏切片、删除切片等操作。下面将针对切片的编辑进行介绍。

1. 选择切片

在编辑切片之前，需要先将其选中。鼠标右键单击"切片工具" ⌇ 按钮，在弹出的工具组中选择"切片选择工具" ⌇ ，在图像中单击即可选中切片，如图 9-21 所示。若想选中多个切片，可以按住 Shift 键单击其他切片，即可选中多个切片，如图 9-22 所示。

2. 调整切片

若执行"对象"|"切片"|"建立"命令创建切片，切片的位置和大小将捆绑到它所包含的图稿。若移动图像或调整图像大小，切片边界也会自动进行调整。

图 9-21

图 9-22

3. 删除切片

选中要删除的切片，按 Delete 键删除，或执行"对象"|"切片"|"释放"命令释放该切片即可。也可以执行"对象"|"切片"|"全部删除"命令删除所有切片。

4. 隐藏和显示切片

若想在插图窗口中隐藏切片，执行"视图"|"隐藏切片"命令即可；若想在插图窗口中显示隐藏的切片，执行"视图"|"显示切片"命令即可。

5. 锁定切片

若想锁定所有切片，执行"视图"|"锁定切片"命令即可；若想锁定单个切片，在"图层"面板中单击切片名称前的"切换锁定"　按钮即可。

6. 设置切片选项

选中要设置的切片，执行"对象"|"切片"|"切片选项"命令，打开"切片选项"对话框，如图 9-23 所示。"切片选项"对话框中的参数决定了切片内容如何在生成的网页中显示并发挥作用。

在"切片选项"对话框中，"切片类型"设置了切片输出的类型，即切片数据在 Web 中的显示方式；URL 仅限用于图像切片，该参数设置了切片链接的 Web 地址；"信息"设置了出现在浏览器中的信息；"替代文本"设置了出现在浏览器中的该切片（非图像切片）位置上的字符。

ACAA课堂笔记

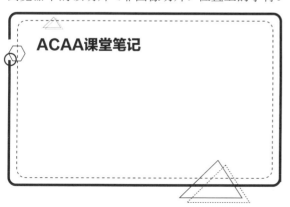

图 9-23

9.3.3 导出切片图像

网页图稿制作完成后，创建切片，执行"文件"|"导出"|"存储为 Web 所用格式（旧版）"命令，打开"存储为 Web 所用格式"对话框，如图 9-24 所示。选择右下角"所有切片"选项，将切割后的网页单个保存起来，效果如图 9-25 所示。

图 9-24

图 9-25

■ 实例：使用参考线进行网页切片

下面练习通过参考线创建切片并导出文件。

Step01 打开 Illustrator 软件，执行"文件"|"打开"命令，打开本章素材"图片 .ai"，如图 9-26 所示。

Step02 按 Ctrl+R 组合键，显示标尺，拉出参考线，如图 9-27 所示。

Step03 执行"对象"|"切片"|"从参考线创建"命令，从参考线创建切片，如图 9-28 所示。

图 9-26

图 9-27

图 9-28

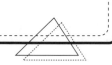

ACAA课堂笔记

Step04 执行"文件"|"导出"|"存储为 Web 所用格式（旧版）"命令，打开"存储为 Web 所用格式"对话框，设置优化格式为 GIF，选择导出"所有切片"选项，单击"存储"按钮，如图 9-29 所示。

Step05 在弹出的"将优化结果存储为"对话框中选择合适的存储位置，如图 9-30 所示。单击"保存"按钮，即可存储切片，效果如图 9-31 所示。

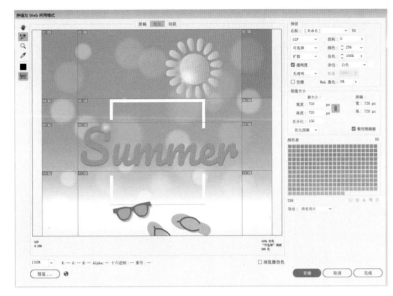

图 9-29

图 9-30

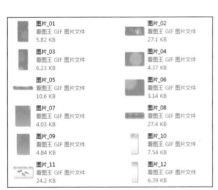

图 9-31

至此，完成使用参考线制作切片的操作。

9.4 创建 Adobe PDF 文件

便携文档格式（PDF）是一种通用的文件格式。这种文件格式保留了由各种应用程序和平台创建的源文件的字体、图像以及版面。Illustrator 软件可以创建不同类型的 PDF 文件，如创建多页 PDF、包含图层的 PDF 和 PDF/x 兼容的文件等。

执行"文件"|"存储为"命令，选择 Adobe PDF（*.PDF）作为文件格式，如图 9-32 所示。单击"保存"按钮，打开"存储 Adobe PDF"对话框，如图 9-33 所示。设置参数后，单击"存储 PDF"按钮即可创建 PDF 文件。

图 9-32 图 9-33

　　"存储 Adobe PDF"对话框的"压缩"选项组中的选项，可以压缩位图、文本和线稿图，减小 PDF 文件大小，且基本不损失细节或精度。

　　"存储 Adobe PDF"对话框中的选项，与"打印"对话框中的部分选项相同。前者特有的选项除了 PDF 的兼容性外，还包括 PDF 的安全性。在该对话框左侧列表中，选择"安全性"选项后，即可在对话框右侧显示相关的选项，通过该选项的设置，能够为 PDF 文件的打开与编辑添加密码。

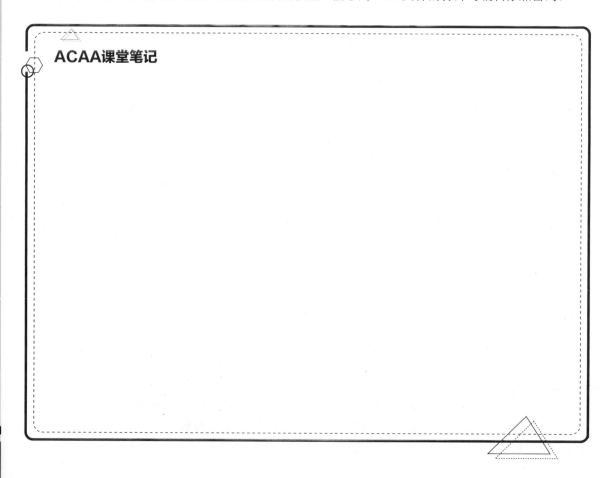

ACAA课堂笔记

课堂实战：绘制并导出矢量对象

下面练习绘制并导出矢量对象。

Step01 打开 Illustrator 软件，执行"文件"|"新建"命令，打开"新建文档"对话框，设置参数如图 9-34 所示。完成后单击"创建"按钮，新建文档。

Step02 使用"钢笔工具" ✐ 在画板中绘制路径，如图 9-35 所示。

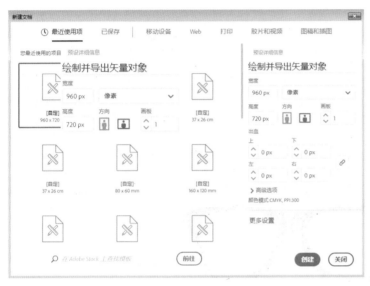

图 9-34　　　　　　　　　　　　　　　　图 9-35

Step03 使用相同的方法，继续绘制路径，如图 9-36 所示。

Step04 选中绘制的路径，单击鼠标右键，在弹出的快捷菜单中执行"建立复合路径"命令，在控制栏中设置填充为黑色，效果如图 9-37 所示。

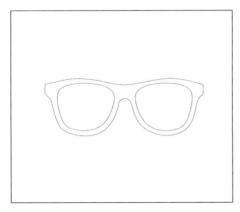

图 9-36　　　　　　　　　　　　　　图 9-37

Step05 执行"文件"|"导出"|"导出为"命令，在打开的"导出"对话框中设置合适的存储位置与名称，如图 9-38 所示。

Step06 选择保存类型为 PNG（*.PNG）格式，单击"导出"按钮，打开"PNG 选项"对话框，如图 9-39 所示。

| 图 9-38 | 图 9-39 |

Step07 在"PNG 选项"对话框中设置完参数后单击"确定"按钮，导出图片，在文件中找到导出的图片并打开，如图 9-40 所示。

图 9-40

至此，完成矢量对象的绘制与导出操作。

课后作业

一、填空题

1. 图像分辨率的单位是_____。
2. _____是在 Web 上显示图像的标准格式，是以直接打开为图片形式的格式。
3. _____是标记图像文件格式，用于在应用程序和计算机平台间交换文件的格式。
4. _____是指将图像分为两种或多种颜色的过程。

二、选择题

1. 下列关于切片工具功能的描述中，正确的是（ ）。
A. 切片工具可以将一个路径切割为多个独立的路径，也可以将闭合路径变为开放路径
B. 切片工具可以将一个闭合路径切割为多个闭合路径
C. 切片工具可以在绘制网页时，用来定义不同元素的边界
D. 切片工具可以将置入的位图图像切割为多个独立的部分
2. 下列有关文件的打印描述正确的是（ ）。
A. 图像细节的打印结果，由分辨率和显示器的质量来决定

B. 打印纸张的大小可以设定，但其方向不能改变

C. 可以将文件打印在纸上、传送到数码印刷机上，但不可以输出为胶片的正片或负片

D. RGB 模式的颜色需转化为 CMYK 模式才可以正确分色

3. 输出网络图像不需要遵循以下哪个原则？（　　　）

A. 使用 Web 安全颜色

B. 一定要使用 JPEG、GIF 或 PNG 等网络专用图像格式

C. 通过调整文件大小平衡图像质量

D. 为图像选择最佳的文件格式

4. 在 Illustrator 中绘制网页需要的图片，并保存为网页格式素材，希望绘制时图片的颜色效果和网页浏览时的色彩效果一致，需要进行色彩管理的设置。对于为联机查看的文档进行色彩管理，以下说法正确的是（　　　）。

A. 保存为 Web 所用格式的图片中，可以保存包含颜色设置文件的图像

B. Web 媒体可能会出现在许多未校准的显示器和视频显示系统上，这样对颜色一致性的控制，要比印刷品的弱

C. 保存为 Web 所用格式的图片中，不能保存包含颜色设置文件的图像

D. 工作空间设置为 sRGB 是常用的选择，这样创建的 RGB 图形都会将 sRGB 用作色彩空间

5. 在下列网络图像格式中，哪种格式的图像可以进行无损缩放？（　　　）

A. JPEG　　　　　　　　B. PNG　　　　　　　　C. SVG　　　　　　　　D. GIF

三、操作题

1. 导出微信朋友圈九宫格图片

（1）九宫格图像设计效果如图 9-41 所示。

图 9-41

（2）操作思路。

◎ 置入素材对象，添加参考线；

◎ 创建切片；

◎ 导出切片对象。

2. 制作优惠券并导出

（1）优惠券正反面设计效果如图 9-42 所示。

图 9-42

（2）操作思路。

◎ 绘制矩形并填充颜色；

◎ 新建图案，绘制矩形并填充；

◎ 输入文字，置入素材对象；

◎ 导出。

第章

制作校园手抄报

内容导读

　　手抄报可以在有限的空间内，容纳一定的文字内容，并兼具美观样式。通过使用 Illustrator 软件制作手抄报，用户可以对其文字、插图、背景内容等进行设计，使其更加精致。下面将对如何制作手抄报进行介绍。

学习目标

>> 使用绘图工具绘制图像；

>> 应用不同的填色方法；

>> 输入文字。

10.1 关于手抄报的介绍

手抄报是报纸的原型，其通过手抄形式发布新闻信息。目前，手抄报多用于学校，帮助培养学生的创新意识和创造能力。

10.1.1 手抄报制作流程

手抄报是中小学第二课堂的一种活动形式，可以帮助学生拓展思路，施展学生个性才能。下面将针对手抄报的制作步骤进行介绍。

（1）准备制作工具。

在制作手抄报之前，一般需要准备纸、笔、尺子、装饰、胶带等工具来进行辅助绘制。

（2）确定主题，收集资料。

准备工作完成后，需要确定手抄报的主题，并根据确定的主题收集相关的资料，然后对收集到的资料进行筛选与整合。

（3）构思页面版式，勾勒设计草图。

资料筛选整合完成后，就需要根据纸张大小设计手抄报的版式。

（4）设计报头字体。

报头是指手抄报的主标题，需要醒目且能直观反映手抄报主题内容。一般放置在手抄报正中位、左上位或右上位。

（5）美化边框。

边框和花边可以美化版面，但不可喧宾夺主。

（6）设计插图。

插图可以活跃手抄报的版面气氛，帮助大家理解板报主题内容。

（7）填入文字内容。

文字内容是手抄报的核心，用于传达中心思想。

10.1.2 电子手抄报的制作

在电子产品普及率很高的当下，用户可利用软件来制作电子板报。与传统手抄报相比，电子手抄报具有更易传输观看的特点。

10.2 绘制校园手抄报

在绘制电子手抄报的过程中，用户可以综合应用 Illustrator 软件中的多种绘图工具及文字工具，下面将以收集资料、绘制背景、装饰物及输入文字来介绍手抄报的绘制。

10.2.1 收集资料

大暑是夏季最后一个节气，是二十四节气的第十二个节气。"中伏"前后，大地上暑气蒸腾，极其闷热，是一年中日照最多，气温最高的时候。

在制作大暑主题的校园手抄报之前，可以收集一些夏季常见的元素，如太阳、冰块、西瓜、电风扇等。

Adobe Illustrator CC 课堂实录

在配色上，则通过橙色、红色、黄色这些代表大暑节气的暖色与冰块蓝、西瓜绿等冷色调对比，丰富画面颜色。本案例配色灵感来源于冰淇淋、马卡龙、水果等，如图 10-1~ 图 10-3 所示。

图 10-1

图 10-2

图 10-3

■ 10.2.2　绘制手抄报背景

下面将利用"矩形工具""钢笔工具""实时上色工具"等工具以及填充、描边等操作来制作手抄报的背景。

Step01　打开 Illustrator 软件，执行"文件"|"新建"命令，打开"新建文档"对话框，设置参数如图 10-4 所示。完成后单击"创建"按钮，新建文档。

Step02　使用"矩形工具"绘制一个与画板等大的矩形，并在控制栏中设置参数，如图 10-5 所示。选中绘制的矩形，按 Ctrl+2 组合键锁定。

图 10-4

图 10-5

Step03 使用"钢笔工具"在画板中绘制路径，如图 10-6 所示。

Step04 使用相同的方法，继续绘制路径，最终绘制出太阳效果，如图 10-7 所示。

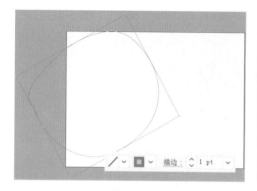

图 10-6 图 10-7

Step05 选中绘制的太阳样式的路径，单击工具箱中的"实时上色工具" 按钮，在太阳主体路径处单击，然后双击工具箱底部的"填色"／按钮，在弹出的"拾色器"对话框中设置颜色，如图 10-8 所示。设置完颜色后单击"确定"按钮，在路径合适位置单击填充颜色，如图 10-9 所示。

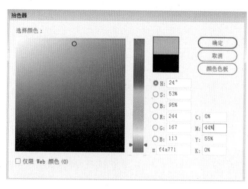

图 10-8 图 10-9

Step06 使用相同的方法，为其他路径填充颜色，效果如图 10-10 所示。

Step07 使用"钢笔工具"在画板中绘制路径，在控制栏中设置填充和描边参数，效果如图 10-11 所示。

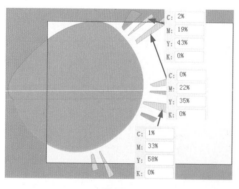

图 10-10 图 10-11

Step08 使用"钢笔工具"在画板中绘制冰块路径，在控制栏中设置填充和描边参数，效果如图 10-12 所示。

Adobe Illustrator CC 课堂实录

Step09 选中绘制的冰块路径，单击工具箱中的"实时上色工具" 🔦 按钮，在冰块路径处单击，然后双击工具箱底部的"填色"／按钮，在弹出的"拾色器"对话框中设置颜色，设置完颜色后单击"确定"按钮，在路径合适位置单击填充颜色，如图 10-13 所示。

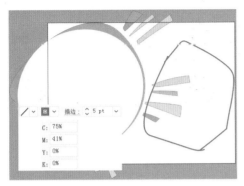
图 10-12

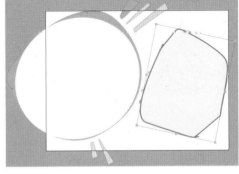
图 10-13

Step10 选中手抄报背景路径，按 Ctrl+2 组合键锁定。至此，完成手抄报背景的绘制。

10.2.3 绘制手抄报装饰

下面将利用"钢笔工具""实时上色工具"等工具来制作手抄报的装饰物。

Step01 使用"钢笔工具"在画板中合适位置绘制路径，在控制栏中设置填充和描边参数，效果如图 10-14 所示。

Step02 使用相同的方法继续绘制路径，效果如图 10-15 所示。

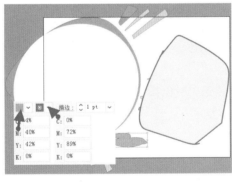
图 10-14

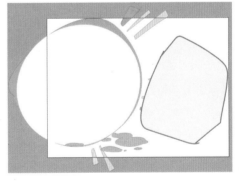
图 10-15

Step03 使用"钢笔工具"在画板中绘制电风扇底座路径，如图 10-16 所示。

Step04 继续使用"钢笔工具"绘制电风扇扇叶路径，如图 10-17 所示。

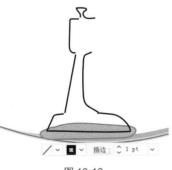
图 10-16

图 10-17

Step05 使用"钢笔工具"绘制西瓜及勺子路径，如图 10-18 和图 10-19 所示。

图 10-18 图 10-19

Step06 使用"钢笔工具"绘制男生路径，如图 10-20 所示。

Step07 继续使用"钢笔工具"绘制女生路径，如图 10-21 所示。

图 10-20 图 10-21

Step08 选中绘制的所有路径，单击工具箱中的"实时上色工具" 按钮，在路径处单击，如图 10-22 所示。然后双击工具箱底部的"填色"/按钮，在弹出的"拾色器"对话框中设置颜色，完成后单击 "确定"按钮，在选中路径上单击填充颜色，如图 10-23 所示。

图 10-22

C: 20%
M: 0%
Y: 3%
K: 25%

图 10-23

Step09 继续填充相同的颜色区域，如图 10-24 所示。

Step10 使用相同的方法，填充其他区域颜色，如图 10-25 所示。

图 10-24   图 10-25

该图中使用到的颜色如图 10-26 所示。

C: 20	M: 0	Y: 3	K: 25		C: 53	M: 77	Y: 100	K: 25
C: 0	M: 81	Y: 58	K: 0		C: 59	M: 76	Y: 100	K: 38
C: 0	M: 5	Y: 11	K: 0		C: 62	M: 61	Y: 65	K: 10
C: 9	M: 0	Y: 29	K: 0		C: 94	M: 69	Y: 54	K: 16
C: 78	M: 58	Y: 100	K: 0		C: 78	M: 48	Y: 0	K: 0
C: 25	M: 0	Y: 33	K: 0		C: 28	M: 9	Y: 0	K: 0
C: 0	M: 7	Y: 14	K: 0		C: 37	M: 45	Y: 60	K: 25
C: 2	M: 0	Y: 13	K: 0					

图 10-26

Step11 使用"钢笔工具"绘制腮红、风、西瓜子、汗水等装饰，如图 10-27 所示。

图 10-27

该图中使用到的颜色如图 10-28 所示。

C: 8　M: 87　Y: 100　K: 0		C: 42　M: 15　Y: 0　K: 0	
C: 16　M: 0　Y: 2　K: 0		C: 0　M: 59　Y: 86　K: 0	
C: 0　M: 48　Y: 36　K: 0		C: 0　M: 0　Y: 0　K: 100	

图 10-28

Step12 使用"钢笔工具"绘制圆形装饰物，在控制栏中设置填充参数，如图 10-29 所示。

Step13 使用"钢笔工具"绘制冰块装饰物，如图 10-30 所示。

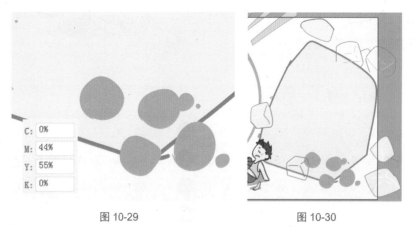

图 10-29　　　　　　　　　图 10-30

ACAA课堂笔记

Step14 绘制完成装饰物效果如图 10-31 所示。至此，完成手抄报装饰物的绘制。

图 10-31

■ 10.2.4　输入文字

下面将利用"文字工具""矩形工具"等工具以及旋转、描边等操作来制作手抄报的文字内容。

Step01 单击工具箱中的"文字工具" **T** 按钮，在画板中合适位置单击输入文字，在控制栏中设置文字参数，效果如图 10-32 所示。

Step02 选中输入的文字，旋转至一定角度，效果如图 10-33 所示。

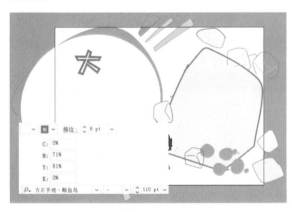

图 10-32

图 10-33

ACAA课堂笔记

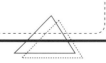

Step03 选中输入的文字，按 Ctrl+C 组合键复制，按 Ctrl+F 组合键贴在前面，在控制栏中设置填充和描边参数，效果如图 10-34 所示。

Step04 使用相同的方法制作文字，如图 10-35 所示。

图 10-34

图 10-35

Step05 使用"直排文字工具"在画板中单击并输入文字，在控制栏中设置文字参数，效果如图 10-36 所示。

Step06 选中输入的文字，旋转至一定角度，效果如图 10-37 所示。

图 10-36

图 10-37

Step07 使用相同的方法制作其他文字，如图 10-38 所示。

Step08 使用"文字工具"在画板中拖动鼠标，在形成的文本框中输入文字，在控制栏中设置段落文字的参数，效果如图 10-39 所示。

图 10-38

根据大暑的热与不热，有不少预测后期天气的农谚有：如短期预示的有"大暑热，田头歇；大暑凉，水满塘"；中期预示的有"大暑热，秋后凉"；长期预示的有"大暑热得慌，四个月无霜、"大暑不热，冬天不冷"大暑不热要烂冬"等。

图 10-39

Step09 使用相同的方法制作段落文字，效果如图 10-40 所示。

Step10 使用"文字工具"在画板中单击并输入文字，在控制栏中设置文字参数，效果如图 10-41 所示。

Step11 使用相同的方法输入其他文字，效果如图 10-42 所示。

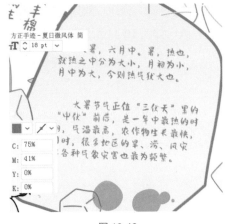

图 10-40

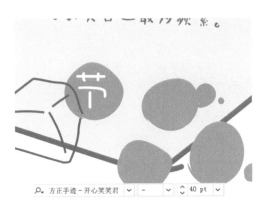

图 10-41

图 10-42

Step12 使用"矩形工具"绘制比画板稍大的矩形，在控制栏中设置填充属性，并设置"不透明度"为 8%，效果如图 10-43 所示。

图 10-43

Step13 选中绘制的矩形，执行"效果"|"风格化"|"涂抹"命令，打开"涂抹选项"对话框，在该对话框中设置参数，如图 10-44 所示。完成后单击"确定"按钮，最终效果如图 10-45 所示。

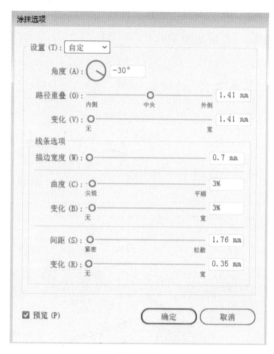

图 10-44

图 10-45

至此，完成校园手抄报的绘制。

第 11 章

制作节日宣传海报

内容导读

海报设计就是为了吸引人的视线，以达到宣传某种事物或信息的目的。所以一个成功的海报设计，应该科学合理地处理图形与色彩之间的关系，使其在画面上具有强烈的视觉冲击力，同时，兼具文化性与艺术性。

学习目标

» 掌握不同效果的应用；

» 掌握剪切蒙版的应用；

» 掌握画笔工具的应用。

11.1 全面认识海报

海报一般具有强烈的视觉效果，通过版面的构成吸引人们的目光，来达到宣传信息的目的。本小节将针对海报的基本信息进行介绍。

■ 11.1.1 海报的起源

在中国，"海报"这一名称源自上海，主要是职业性戏剧演出的专用张贴物。演变至 2013 年，海报已经同广告一样，具有向人们宣传介绍某一事物的特性，是一种常见的招贴形式。

■ 11.1.2 海报的种类

按照应用的不同，海报大致可以分为商业海报、文化海报、电影海报、游戏海报和公益海报等，下面将对这些海报进行介绍。

1. 商业海报

商业海报一般是用于宣传商品或商业服务的商业广告性海报。设计时，要恰当地配合产品的格调和受众对象，如图 11-1 和图 11-2 所示。

图 11-1

图 11-2

2. 文化海报

文化海报是用于宣传各种社会文娱活动、节日及各类展览的海报。在设计的过程中，设计师需要了解展览和活动的内容，运用恰当的方法表现其内容和风格。这类海报具有传播信息的作用，涉及内容广泛、艺术表现力丰富、远视效果强，如图 11-3 所示。

3. 电影海报

严格来说，电影海报是文化海报的一种，主要是起到吸引观众注意，刺激电影票房收入的作用，如图 11-4 所示。

4. 游戏海报

游戏海报是用于宣传游戏的海报，设计时，要切合游戏风格内容，主要起到吸引用户注意，引流用户的作用，如图11-5所示。

5. 公益海报

与商业海报相比，公益海报更具义化价值和艺术价值。这类海报对公众具有特定的教育意义，其海报主题包括各种社会公益、道德的宣传、政治思想的宣传，弘扬爱心奉献、共同进步的精神等，如图11-6所示。

 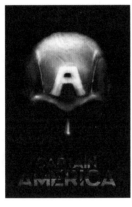  

图 11-3　　　　　　图 11-4　　　　　　图 11-5　　　　　　图 11-6

11.1.3　海报设计的要点

海报是一种艺术作品，也是一种宣传工具，在设计的过程中，需要注意以下几点。

1. 充分的视觉冲击力

海报一般张贴于公众场所，起到吸引用户注意的作用，因此，需要有极强的视觉冲击力，以吸引人物视线，这一点可以通过大画面及图形、色彩的搭配来实现。

2. 主题明确

在海报设计的过程中，需要抓住其主要诉求点，精练内容，使表达明确，内容精简。

3. 艺术性

海报设计是基于计算机平面设计技术的应用。其主要特征是通过整合图片、文字、色彩、版面、图形等元素，结合广告媒体的使用特征，在计算机上通过相关设计软件来进行平面艺术创意性的一种设计活动或过程。

ACAA课堂笔记

11.2 制作新年企宣海报

在制作海报的过程中，用户可以综合应用 Illustrator 软件中不同的效果、多种绘图工具、混合模式及剪切蒙版。下面将对此进行介绍。

■ 11.2.1 制作海报背景

本小节主要介绍制作海报背景的方法，具体操作步骤如下。

Step01 打开 Illustrator 软件，执行"文件"|"新建"命令，打开"新建文档"对话框，设置参数如图 11-7 所示。完成后单击"创建"按钮，新建文档。

Step02 选中工具箱中的"矩形工具" ▢，在画板中绘制一个与画板等大的矩形，如图 11-8 所示。按 Ctrl+2 组合键锁定对象。

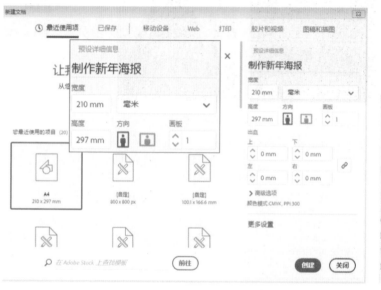

图 11-7   图 11-8

Step03 单击工具箱中的"椭圆工具" ◉ 按钮，在画板中合适位置处单击，打开"椭圆"对话框并设置参数，如图 11-9 所示。完成后单击"确定"按钮，创建正圆。

Step04 选中创建的正圆，在控制栏中设置填充与描边，效果如图 11-10 所示。

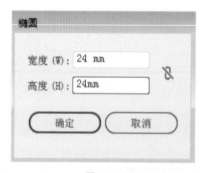

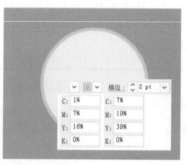

图 11-9   图 11-10

Step05 选中创建的正圆，按 Ctrl+C 组合键复制，按 Ctrl+F 组合键粘贴在前面，此时默认选中的为复制对象，在控制栏中设置"描边"为 1pt，按住 Shift+Alt 组合键从中心等比例缩小至合适大小，如图 11-11 所示。

Step06 使用相同的方法继续复制粘贴对象，效果如图 11-12 所示。

图 11-11　　　　　　　　　图 11-12

Step07 选中绘制的所有正圆，按 Ctrl+G 组合键编组，选中编组对象，按住 Alt 键向右拖动复制，如图 11-13 所示。

Step08 使用相同的方法继续复制对象，效果如图 11-14 所示。

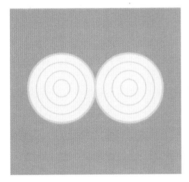 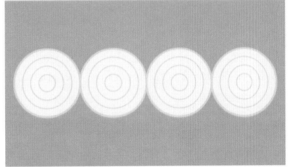

图 11-13　　　　　　　　　　图 11-14

Step09 选中所有正圆对象，按 Ctrl+G 组合键编组，选中编组对象，按住 Alt 键向下拖动复制，如图 11-15 所示。

Step10 使用相同的方法重复几次，效果如图 11-16 所示。

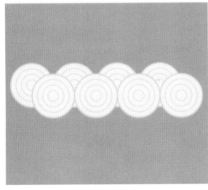 

图 11-15　　　　　　　　　　图 11-16

Step11 选中工具箱中的"矩形工具"■，在正圆上绘制一个 24mm×24mm 的矩形，如图 11-17 所示。

Step12 选中绘制的矩形与所有正圆对象，单击鼠标右键，在弹出的快捷菜单中执行"建立剪切蒙版"命令，创建剪切蒙版，效果如图11-18所示。

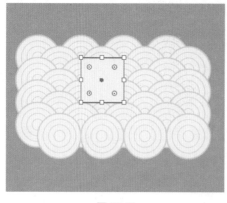
图 11-17

图 11-18

Step13 选中剪切蒙版对象，执行"对象"|"图案"|"建立"命令，在打开的"图案选项"对话框中设置参数，如图11-19所示。完成后单击画板上方的"完成"按钮，新建图案。

Step14 使用"矩形工具"▢在画板中绘制一个与画板等大的矩形，在控制栏中设置填充为新建的图案，"不透明度"为30%，效果如图11-20所示。

Step15 单击工具箱中的"钢笔工具"✍按钮，按住Shift键在画板中绘制直线路径，如图11-21所示。

Step16 使用相同的方法，继续绘制直线路径，如图11-22所示。

图 11-19

图 11-20

图 11-21

图 11-22

至此，完成海报背景的制作。

11.2.2 制作海报主题

本小节主要介绍制作海报主题的步骤，具体操作如下。

Step01 使用"钢笔工具"✍在画板中合适位置处绘制路径，如图11-23所示。

Step02 选中绘制的路径，在控制栏中设置描边参数，如图11-24所示，完成后效果如图11-25所示。

Step03 选中绘制的路径，执行"对象"|"路径"|"轮廓化描边"命令，将路径轮廓化，如图11-26所示。

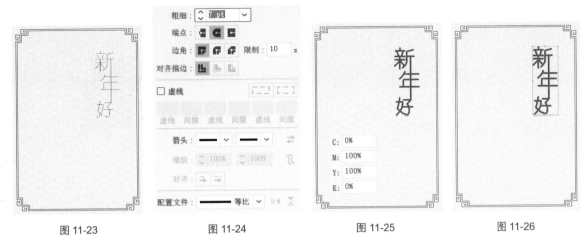

图 11-23　　　　　　　　图 11-24　　　　　　　　图 11-25　　　　　　　　图 11-26

Step04 选中路径轮廓，执行"窗口"|"路径查找器"命令，打开"路径查找器"面板，如图 11-27 所示。单击"路径查找器"面板中的"联集"▪按钮，合并路径轮廓，如图 11-28 所示。

Step05 使用"钢笔工具" ✐在画板中合适位置处绘制路径，如图 11-29 所示。

图 11-27　　　　　　　　　　图 11-28　　　　　　　　　图 11-29

Step06 选中新绘制的路径，执行"对象"|"路径"|"偏移路径"命令，打开"偏移路径"对话框，如图 11-30 所示。

Step07 在"偏移路径"对话框中设置完参数后，单击"确定"按钮偏移路径，如图 11-31 所示。

Step08 选中偏移路径，在控制栏中设置"描边"为 2pt，使用"直接选择工具" ▷选中并删除多余的锚点和路径，如图 11-32 所示。

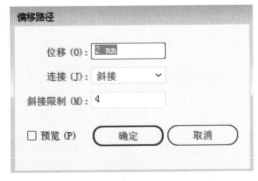

图 11-30

图 11-31

图 11-32

Step09 单击工具箱中的"星形工具" ✩ 按钮，在画板中合适位置处单击，打开"星形"对话框，设置角点数，如图 11-33 所示。完成后单击"确定"按钮，效果如图 11-34 所示。

图 11-33　　　　　　　　　　　图 11-34

Step10 选中绘制的星形，执行"窗口"|"渐变"命令，打开"渐变"面板，单击渐变缩略图，双击"渐变滑块" ▯，在弹出的面板中调整滑块颜色，如图 11-35 所示。调整后效果如图 11-36 所示。

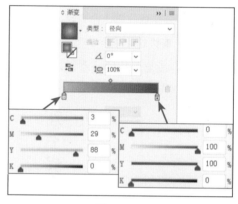

图 11-35　　　　　　　　　　图 11-36

Step11 按住 Shift 键使用"椭圆工具" ◯ 在画板中合适位置绘制正圆，在控制栏中设置描边和填充，效果如图 11-37 所示。

Step12 使用"直接选择工具" ▷ 选中绘制的正圆最下方的锚点，并向下拖动至合适位置，单击控制栏中的"将所选锚点转换为尖角" ⋏ 按钮，将该锚点转变为尖角锚点，如图 11-38 所示。

Step13 选中调整过的正圆路径，按 R 快捷键切换至旋转工具，按住 Alt 键拖动旋转中心点至星形中心点，打开"旋转"对话框，如图 11-39 所示。

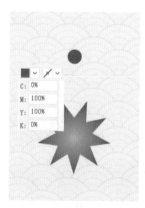

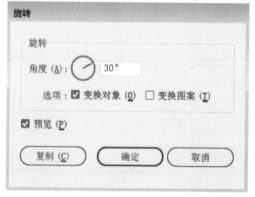

图 11-37　　　　　　　图 11-38　　　　　　　　图 11-39

Step14 在该对话框中设置参数后，单击"复制"按钮，效果如图 11-40 所示。

Step15 按 Ctrl+D 组合键重复操作，效果如图 11-41 所示。

Step16 使用相同的方法，绘制正圆并变形旋转，最终效果如图 11-42 所示。

图 11-40　　　　　　　　　　图 11-41　　　　　　　　　　图 11-42

Step17 选中变形图形和星形，按 Ctrl+G 组合键编组，并调整至合适大小和位置，如图 11-43 所示。

Step18 选中编组对象，按住 Alt 键拖动复制，按住 Shift 键等比例缩放至合适大小，如图 11-44 和图 11-45 所示。

Step19 选中"钢笔工具" ，在画板中绘制路径，如图 11-46 所示。

图 11-43　　　　　　图 11-44　　　　　　图 11-45　　　　　　图 11-46

Step20 按住 Shift 键的同时使用"钢笔工具"
绘制垂直路径，如图 11-47 所示。

Step21 按住 Shift 键的同时使用"钢笔工具"
绘制水平路径，如图 11-48 所示。

图 11-47　　　　　　　　图 11-48

Step22 使用"画笔工具" ✐，在画板中合适位置绘制线段作为瓦片装饰，如图 11-49 所示。

Step23 选中"钢笔工具" ✐，在画板中绘制其他房屋路径，如图 11-50 所示。

Step24 单击工具箱中的"矩形工具" ▢ 按钮，在画板中合适位置绘制矩形，如图 11-51 所示。

Step25 按住 Shift 键的同时使用"矩形工具" ▢ 绘制正方形，如图 11-52 所示。

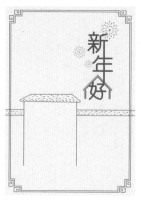
图 11-49

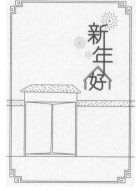
图 11-50

图 11-51

图 11-52

Step26 选中绘制的正方形，按住 Shift 键拖动旋转 45°，如图 11-53 所示。

Step27 选中旋转后的正方形，按住 Alt 键拖动复制，效果如图 11-54 所示。

Step28 选中"椭圆工具" ◯，在画板中绘制椭圆，如图 11-55 所示。

Step29 使用"钢笔工具" ✐，在椭圆中绘制头发、眼睛、皱纹、胡子等路径，效果如图 11-56 所示。

Step30 使用"钢笔工具" ✐ 绘制身体部分路径，效果如图 11-57 所示。

图 11-53

图 11-54

图 11-55

图 11-56

图 11-57

Step31 选中人物路径，按 Ctrl+G 组合键编组，按住 Alt 键向右拖动复制，按住 Shift 键等比例缩放至合适大小，如图 11-58 所示。

Step32 双击复制对象，进入编组隔离模式，选中并删除头发和胡子等多余路径，如图 11-59 所示。

Step33 在空白处双击退出隔离模式，使用"钢笔工具" ✎绘制头发和皱纹等路径，效果如图11-60所示。

Step34 使用"剪刀工具" ✂分割路径，并删除多余路径，如图11-61所示。

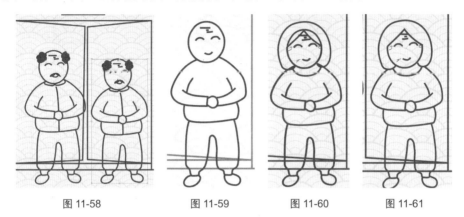

图 11-58   图 11-59   图 11-60   图 11-61

Step35 选中人物下层的房屋路径，使用"剪刀工具" ✂分割路径，并删除多余路径，如图11-62所示。

Step36 使用相同的方法，在画板中合适位置绘制人物路径，效果如图11-63所示。

Step37 使用"钢笔工具" ✎绘制围巾作为装饰，效果如图11-64所示。

图 11-62   图 11-63   图 11-64

Step38 选中人物下层的房屋路径，使用"剪刀工具" ✂分割路径，并删除多余路径，如图11-65所示。

Step39 选中"椭圆工具" ⬭，在画板中绘制椭圆，如图11-66所示。

Step40 选中绘制的椭圆，按住 Alt 键向下拖动复制，使用"直接选择工具" ▷.选中并删除复制对象最上方锚点，效果如图11-67所示。

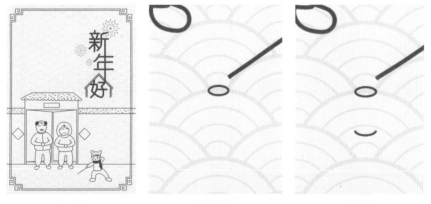

图 11-65   图 11-66   图 11-67

Step41 使用"钢笔工具" ✐绘制直线路径，效果如图 11-68 所示。

Step42 使用"画笔工具" ✐，在画板中合适位置绘制线段作为爆竹引线，如图 11-69 所示。

Step43 使用"画笔工具" ✐，在画板中合适位置绘制线段作为火花，如图 11-70 所示。

Step44 选中爆竹所有路径，按 Ctrl+G 组合键编组，按住 Alt 键向左拖动复制，按住 Shift 键等比例缩放至合适大小，如图 11-71 所示。

Step45 使用相同的方法复制对象，按住 Shift 键拖动旋转至水平，双击进入编组隔离模式删除火花路径，双击空白位置退出隔离模式，效果如图 11-72 所示。

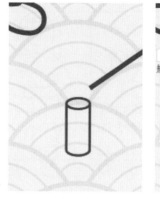

图 11-68

图 11-69

图 11-70

图 11-71

图 11-72

Step46 最终效果如图 11-73 所示。

至此，完成海报主题的制作。

ACAA课堂笔记

图 11-73

■ 11.2.3 制作海报装饰

本小节主要介绍制作海报装饰的步骤，具体操作如下。

Step01 使用"钢笔工具" ✐ 在画板中合适位置绘制树干路径，效果如图 11-74 所示。

Step02 使用"钢笔工具" ✐ 在画板中合适位置绘制其他枝丫路径，效果如图 11-75 所示。

图 11-74

图 11-75

Step03 选中"椭圆工具" ◉，按住 Shift 键在画板中绘制正圆，如图 11-76 所示。

Step04 选中正圆路径，按 R 快捷键切换至旋转工具，按住 Alt 键拖动旋转中心点至正圆底部锚点，打开"旋转"对话框，如图 11-77 所示。

图 11-76

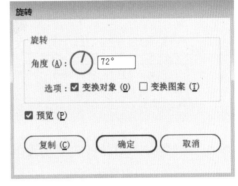

图 11-77

Step05 在该对话框中设置参数后，单击"复制"按钮，效果如图 11-78 所示。

Step06 按 Ctrl+D 组合键重复操作，效果如图 11-79 所示。

图 11-78

图 11-79

Step07 选中正圆对象，执行"窗口"|"路径查找器"命令，打开"路径查找器"面板，如图11-80所示。单击"路径查找器"面板中的"联集" ▣按钮，合并正圆对象，如图11-81所示。

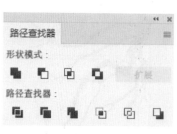

图 11-80　　　　　　　　　　　图 11-81

Step08 单击工具箱中的"星形工具" ☆ 按钮，在画板中合适位置处单击，打开"星形"对话框，设置角点数，如图11-82所示。完成后单击"确定"按钮，效果如图11-83所示。

图 11-82　　　　　　　　　　　图 11-83

Step09 选中绘制的星形对象，执行"窗口"|"渐变"命令，打开"渐变"面板，单击渐变缩略图，双击"渐变滑块" ▯，在弹出的面板中调整滑块颜色，如图11-84所示。调整后效果如图11-85所示。

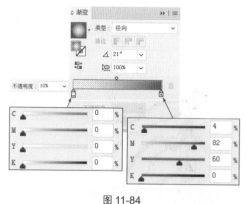

图 11-84　　　　　　　　　　　图 11-85

Step10 选中星形对象及底部的合并对象，按Ctrl+G组合键编组，执行"效果"|"模糊"|"高斯模糊"命令，打开"高斯模糊"对话框，如图11-86所示。

Step11 在"高斯模糊"对话框中设置参数后单击"确定"按钮，效果如图11-87所示。

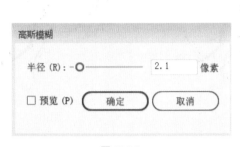

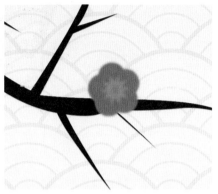

图 11-86   图 11-87

Step12 选中编组对象，按住 Alt 键拖动复制，如图11-88和图11-89所示。

图 11-88   图 11-89

Step13 选中"椭圆工具" ◎，按住 Shift 键在画板中绘制正圆，如图11-90所示。

Step14 选中绘制的正圆，执行"效果"|"模糊"|"高斯模糊"命令，在打开的"高斯模糊"对话框中设置参数后单击"确定"按钮，效果如图11-91所示。

图 11-90   图 11-91

Step15 选中模糊对象，按住 Alt 键拖动复制，并调整至合适大小，如图11-92和图11-93所示。

Step16 单击工具箱中的"圆角矩形工具" ▣ 按钮，在画板中合适位置单击并拖动绘制圆角矩形，如图 11-94 所示。

Step17 选中绘制的圆角矩形，按 Ctrl+C 组合键复制，按 Ctrl+F 组合键贴在前面，此时默认选中的为复制对象，在控制栏中调整圆角大小，

图 11-92

图 11-93

移动鼠标至选中对象右侧控制点，按住 Alt 键从中心调整大小，如图 11-95 所示。

Step18 使用相同的方法复制并调整对象，如图 11-96 所示。

Step19 使用"矩形工具" ▣ 绘制矩形，如图 11-97 所示。

图 11-94

图 11-95

图 11-96

图 11-97

Step20 使用相同的方法，绘制其他矩形，如图 11-98 所示。

Step21 选中"椭圆工具" ◯ ，按住 Shift 键在画板中绘制正圆，如图 11-99 所示。

Step22 选中"直线段工具" ╱ ，按住 Shift 键在画板中绘制直线段，如图 11-100 所示。

Step23 使用相同的方法，绘制其他直线段，如图 11-101 所示。

图 11-98

图 11-99

图 11-100

图 11-101

Step24 选中绘制的两条直线段，双击工具箱中的"混合工具" 🖿 按钮，在打开的"混合选项"对话框中设置参数，如图 11-102 所示。

Step25 完成后单击"确定"按钮，移动鼠标依次单击直线段，创建混合，效果如图 11-103 所示。

Step26 选中所有灯笼路径，按 Ctrl+G 组合键编组，按 Ctrl+C 组合键复制，按 Ctrl+B 组合键贴在后面，如图 11-104 所示。

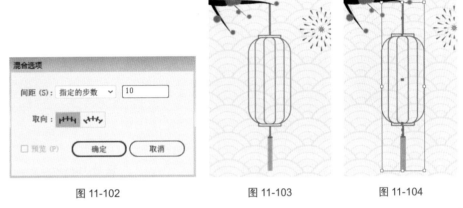

图 11-102　　　　　　　　图 11-103　　　　　　　　图 11-104

Step27 此时默认选中对象为复制对象，单击"路径查找器"面板中的"联集" 🖿 按钮，合并路径，如图 11-105 所示。

Step28 选中合并对象，执行"窗口"|"渐变"命令，打开"渐变"面板，单击渐变缩略图，双击"渐变滑块" 🖿，在弹出的面板中调整滑块颜色，如图 11-106 所示。调整后的效果如图 11-107 所示。

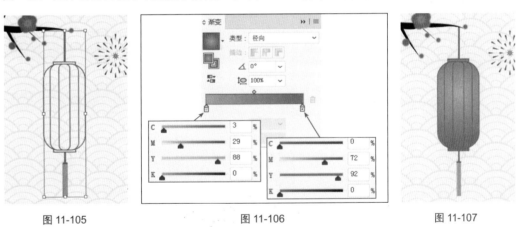

图 11-105　　　　　　　　图 11-106　　　　　　　　图 11-107

ACAA课堂笔记

Step29 选中灯笼路径和合并对象，按 Ctrl+G 组合键编组，按住 Alt 键拖动复制，并调整至合适大小，如图 11-108 所示。

Step30 选中"椭圆工具" ⬭，按住 Shift 键在画板中绘制正圆，如图 11-109 所示。

Step31 使用"直接选择工具" ▷ 选中绘制的正圆最左边锚点，按 Delete 键删除，如图 11-110 所示。

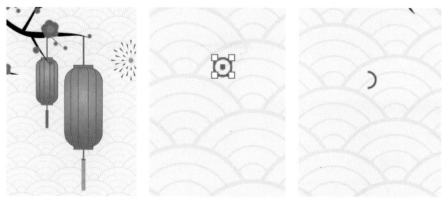

图 11-108   图 11-109   图 11-110

Step32 使用相同的方法，绘制半圆路径，并调整至合适位置，如图 11-111 所示。

Step33 使用"钢笔工具" ✒ 连接半圆路径，并从两端端点处向外绘制直线，效果如图 11-112 所示。

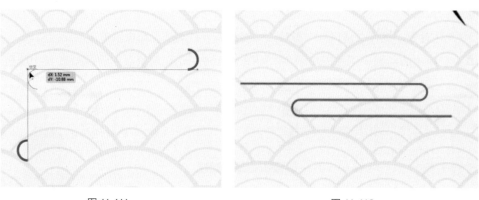

图 11-111   图 11-112

Step34 选中绘制的路径，按住 Alt 键向右拖动复制，绘制出一个云纹图形，如图 11-113 所示。

Step35 使用相同的方法，再绘制多个云纹，效果如图 11-114 所示。

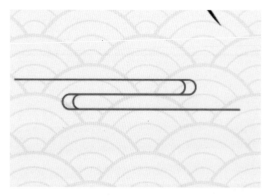

图 11-113

图 11-114

Step36 使用"钢笔工具" ✐绘制祥云路径，如图 11-115 所示。

Step37 选中绘制的祥云路径，单击工具箱中的"实时上色工具" 🖾按钮，在路径上单击，然后在工具箱底部的"标准的 Adobe 颜色控制组件"中设置填充颜色，移动鼠标至路径上单击，为路径填充颜色，如图 11-116 所示。

图 11-115

图 11-116

Step38 使用"矩形工具" 🔲在画板中绘制一个与画板等大的矩形，如图 11-117 所示。

Step39 选中所有对象，单击鼠标右键，在弹出的快捷菜单中执行"建立剪切蒙版"命令，效果如图 11-118 所示。

图 11-117

图 11-118

至此，完成海报装饰的制作。

■ 11.2.4 输出海报 JPG 文件

本小节主要介绍输出海报的步骤，具体操作如下。

Step01 执行"文件"|"导出"|"导出为"命令，在打开的"导出"对话框中设置合适的存储位置与名称，如图 11-119 所示。

Step02 选择保存类型为 JPEG（*.JPG）格式，勾选"使用画板"复选框，然后单击"导出"按钮，打开"JPEG 选项"对话框，如图 11-120 所示。

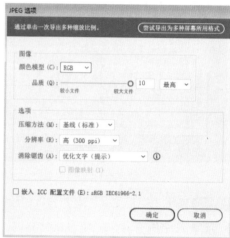

图 11-119　　　　　　　　　　　　　　　　　图 11-120

Step03 在"JPEG 选项"对话框中设置完参数后单击"确定"按钮，导出图片，在文件中找到导出的图片并打开，最终效果如图 11-121 所示。

图 11-121

至此，完成新年海报的制作与导出。

第 12 章

制作礼品户外广告

内容导读

　　户外广告是指在室外公共场所设立的广告，可以长期在固定地点展示企业的产品形象，提升企业知名度。作为一款设计师经常接触到的广告途径，了解户外广告的相关知识，是非常必要的。本章节将针对户外广告的相关知识及制作进行介绍。

学习目标

》　认识户外广告；

》　掌握图片置入的方法；

》　掌握不透明度蒙版的应用；

》　学会使用混合模式。

12.1 关于户外广告的介绍

户外广告作为一款典型的城市广告方式，备受广告主的喜爱。本小节将对户外广告的特点和种类进行介绍。

■ 12.1.1 户外广告的特点

户外广告可以分为平面和立体两种类型，包括路牌广告、招贴广告、海报、霓虹灯、广告柱、灯箱广告等多种，如图 12-1 和图 12-2 所示。

图 12-1

图 12-2

与其他广告类型相比，户外广告有着到达率高、视觉冲击力强、发布时间长等特点。下面将对户外广告的一些特点进行介绍。

1. 到达率高

户外广告与其他广告类型相比，具有仅次于电视媒体的到达率。通过策略性的媒介安排和分布，户外广告能创造理想的到达率。

2. 视觉冲击力强

公共场所林立的巨型广告牌，因其持久和突出，往往会给人极强的视觉冲击力，让人难以忘怀。

3. 发布时段长

许多户外广告可以持久的、长期的发布，使其更易被受众看到。

■ 12.1.2 户外广告的形式

户外广告的形式可以分为自设性和经营性两种，下面对这两种户外广告进行介绍。

1. 自设性户外广告

该种户外广告是指以标牌、灯箱、霓虹灯单体字、底板等为媒体形式，在本单位登记注册地址，利用自有或租赁的建筑物、构筑物等阵地，设置的企事业单位、个体工商户或其他社会团体的名称，如图 12-3 和图 12-4 所示。

图 12-3   图 12-4

2. 经营性户外广告

该种户外广告是指在城市道路、公路、铁路两侧，或城市轨道交通线路的地面部分、建筑物或构筑物上，以灯箱、霓虹灯、电子显示装置、户外液晶显示屏、信息亭、展示牌等为载体形式设置的商业广告，如图 12-5 和图 12-6 所示。

图 12-5   图 12-6

12.2 制作端午粽子户外广告

户外广告可以快速提升企业形象，传播商业信息。本小节将针对如何制作端午粽子户外广告进行介绍。

■ 12.2.1 制作户外广告背景

本小节主要介绍制作户外广告背景的步骤，具体操作如下。

`Step01` 打开 Illustrator 软件，执行"文件"|"新建"命令，打开"新建文档"对话框，设置参数如图 12-7 所示。完成后单击"创建"按钮，新建文档。

`Step02` 选中工具箱中的"矩形工具"▧，在画板中绘制一个与画板等大的矩形，如图 12-8 所示。

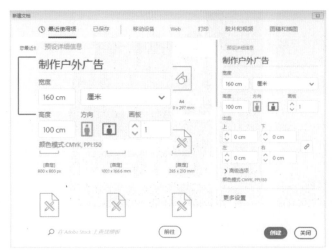

图 12-7   图 12-8

Step03 选中绘制的矩形，执行"窗口"|"渐变"命令，打开"渐变"面板，单击渐变缩略图，为矩形添加默认的渐变效果，如图 12-9 所示。

Step04 在"渐变"面板中设置径向渐变，双击"渐变滑块" ，在弹出的面板中调整滑块颜色，如图 12-10 所示。

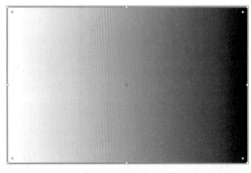
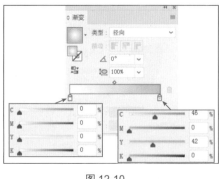

图 12-9   图 12-10

Step05 此时选中的矩形效果如图 12-11 所示。

Step06 选中工具箱中的"矩形工具" ，按住 Shift 键在画板中绘制一个 10cm×10cm 的正方形，如图 12-12 所示。

图 12-11   图 12-12

Step07 选中"直线段工具" /.，按住 Shift 键在绘制的正方形上绘制直线段，如图 12-13 所示。

Step08 使用相同的方法，绘制直线段，效果如图 12-14 所示。

Step09 选中绘制的直线段和正方形，按 Ctrl+G 组合键编组，按住 Alt 键向右拖动复制，并旋转 90°，效果如图 12-15 所示。

图 12-13　　　　　　　　　　图 12-14

Step10 使用相同的方法，复制编组对象并调整合适的角度，效果如图 12-16 所示。

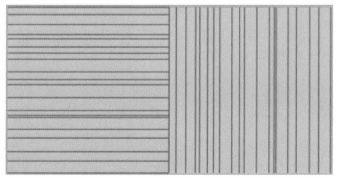
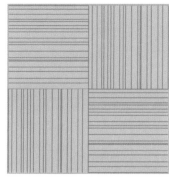

图 12-15　　　　　　　　　　图 12-16

Step11 选中编组对象及复制对象，按 Ctrl+G 组合键编组，执行"对象"|"图案"|"建立"命令，在打开的"图案选项"对话框中设置参数，如图 12-17 所示。完成后单击画板上方的"完成"按钮，新建图案。

Step12 使用"矩形工具" □ 在画板中绘制一个与画板等大的矩形，在控制栏中设置填充为新建的图案，效果如图 12-18 所示。

图 12-17　　　　　　　　　　图 12-18

Step13 选中新绘制的矩形，执行"窗口"|"透明度"命令，在打开的"透明度"面板中，设置"混合模式"为"强光"，"不透明度"为30%，如图12-19所示，效果如图12-20所示。

图 12-19   图 12-20

Step14 执行"文件"|"置入"命令，在打开的"置入"对话框中选中本章素材"山.jpg"，取消勾选"链接"复选框，完成后单击"置入"按钮，在画板合适位置单击，置入素材文件并调整至合适大小，如图12-21所示。

Step15 选中置入的素材文件，在"透明度"面板中，设置"混合模式"为柔光，效果如图12-22所示。

图 12-21   图 12-22

Step16 使用"矩形工具" ▦在画板中绘制一个与画板等大的矩形，在"渐变"面板中单击渐变缩略图，为矩形添加默认的渐变效果，如图12-23所示。

Step17 选中"渐变工具" ▦，调整渐变效果，如图12-24所示。

图 12-23   图 12-24

Adobe Illustrator CC 课堂实录

Step18 选中填充渐变的矩形对象与置入的素材对象，在"透明度"面板中单击"制作蒙版"按钮，如图 12-25 所示，即可为素材对象添加不透明度蒙版，效果如图 12-26 所示。

图 12-25   图 12-26

Step19 执行"文件"｜"置入"命令，置入本章素材"竹 01.jpg"，并调整至合适大小，如图 12-27 所示。

Step20 选中新置入的素材对象，在"透明度"面板中，设置"混合模式"为"颜色加深"，"不透明度"为 20%，效果如图 12-28 所示。

图 12-27   图 12-28

Step21 使用相同的方法，置入本章素材"竹 02.png"，并调整至合适大小，如图 12-29 所示。

Step22 选中新置入的素材对象，单击鼠标右键，在弹出的快捷菜单中执行"变换"｜"对称"命令，打开"镜像"对话框，如图 12-30 所示。

图 12-29   图 12-30

Step23 在"镜像"对话框中设置参数后单击"确定"按钮，效果如图 12-31 所示。

Step24 选中素材文件，在"透明度"面板中，设置"混合模式"为"柔光"，效果如图12-32所示。

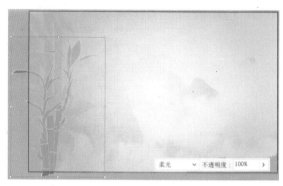

图 12-31

图 12-32

Step25 使用相同的方法，置入本章素材"竹03.png"，并调整至合适大小，如图12-33所示。

Step26 选中置入的素材对象，在控制栏中单击"描摹预设" 按钮，在弹出的下拉菜单中执行"低保真度照片"命令，描摹置入的素材对象，效果如图12-34所示。

图 12-33

图 12-34

Step27 选中描摹对象，单击控制栏中的"扩展"按钮，扩展描摹对象，使用"选择工具" 双击扩展后的描摹对象，进入编组隔离模式，删除多余部分，如图12-35所示。完成后在空白处双击即可退出编组隔离模式，此时描摹对象转换为矢量编组对象。

Step28 选中编组对象，移动鼠标至定界框角点外，按住鼠标左键拖动旋转对象，并调整至合适位置，如图12-36所示。

图 12-35

图 12-36

Adobe Illustrator CC 课堂实录

Step29 使用相同的方法置入并编辑本章素材"竹04.png"，效果如图12-37所示。

Step30 使用"矩形工具"▢在画板中绘制一个与画板等大的矩形,选中文档中所有对象,单击鼠标右键,在弹出的快捷菜单中执行"建立剪切蒙版"命令，创建剪切蒙版，效果如图12-38所示。

图 12-37

图 12-38

至此，完成端午粽子户外广告背景的制作。

12.2.2 制作户外广告主题

本小节主要介绍制作户外广告主题的步骤，具体操作如下。

Step01 执行"文件"｜"置入"命令，在打开的"置入"对话框中选中本章素材"粽子01.jpg"，取消勾选"链接"复选框，完成后单击"置入"按钮，在画板合适位置单击，置入素材文件并调整至合适大小，如图12-39所示。

Step02 选中置入的素材对象，在控制栏中单击"描摹预设"▾按钮，在弹出的下拉菜单中执行"低保真度照片"命令，描摹置入的素材对象，效果如图12-40所示。

图 12-39

图 12-40

ACAA课堂笔记

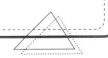

Step03 选中描摹对象，单击控制栏中的"扩展"按钮，扩展描摹对象，如图 12-41 所示。

Step04 使用"选择工具" ▶ 双击扩展后的描摹对象，进入编组隔离模式，删除多余部分，如图 12-42 所示。完成后在空白处双击退出编组隔离模式，此时描摹对象转换为矢量编组对象。

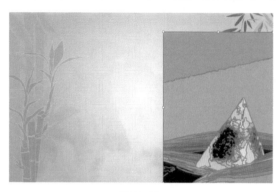 

图 12-41 　　　　　　　　　　　　　　　　　图 12-42

Step05 使用"矩形工具" ▣ 在画板中绘制矩形，在"渐变"面板中单击渐变缩略图，为矩形添加默认的渐变效果，如图 12-43 所示。

Step06 选中"渐变工具" ▣，调整渐变效果，如图 12-44 所示。

 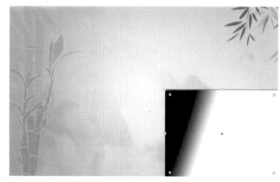

图 12-43 　　　　　　　　　　　　　　　　　图 12-44

Step07 选中填充渐变的矩形对象与置入的素材对象，在"透明度"面板中单击"制作蒙版"按钮，如图 12-45 所示，即可为素材对象添加不透明度蒙版，效果如图 12-46 所示。

图 12-45 　　　　　　　　　　　　　　　　　图 12-46

Step08 使用相同的方法，置入并编辑本章素材"粽子 02.jpg"，效果如图 12-47 所示。

Step09 使用"钢笔工具" ✒️ 绘制路径，如图 12-48 所示。

图 12-47

图 12-48

Step10 选中绘制的路径与素材"粽子 02.jpg"编组对象，单击鼠标右键，在弹出的快捷菜单中执行"建立剪切蒙版"命令，创建剪切蒙版，效果如图 12-49 所示。

Step11 选中"矩形工具" ▢，在控制栏中设置参数后，在画板中合适位置拖动绘制矩形，如图 12-50 所示。

图 12-49

图 12-50

Step12 使用相同的方法，继续绘制矩形并调整，如图 12-51 所示。

Step13 选中部分矩形，单击"路径查找器"面板中的"联集" ▪️ 按钮，合并对象，如图 12-52 所示。

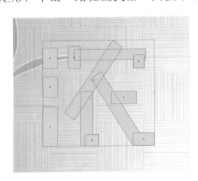

图 12-51

图 12-52

Step14 选中矩形对象，按 Ctrl+G 组合键编组，如图 12-53 所示。

Step15 使用相同的方法，绘制其他文字路径，如图 12-54 所示。

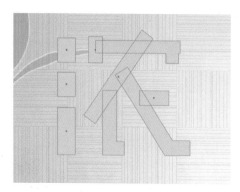

图 12-53   图 12-54

Step16 选中"浓"字形路径，执行"效果"|3D|"凸出和斜角"命令，在打开的"3D 凸出和斜角选项"对话框中设置参数，如图 12-55 所示。

Step17 参数设置完成后单击"确定"按钮，效果如图 12-56 所示。

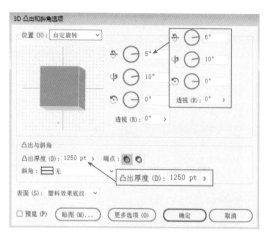

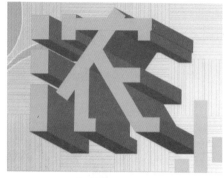

图 12-55   图 12-56

Step18 使用相同的方法，为其他文字字形添加"凸出和斜角"效果并设置参数，如图 12-57~图 12-59 所示。效果如图 12-60 所示。

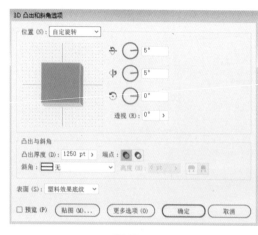

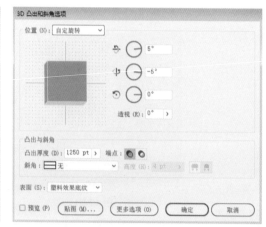

图 12-57   图 12-58

Adobe Illustrator CC 课堂实录

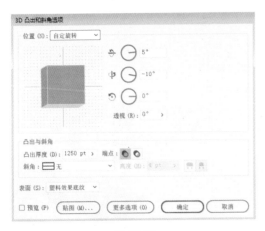

图 12-59

图 12-60

Step19 选中工具箱中的"多边形工具" ◎，在控制栏中设置描边与填充参数后，在画板中合适位置处单击，打开"多边形"对话框，如图 12-61 所示。

Step20 在该对话框中设置参数后单击"确定"按钮，创建正三角形对象，如图 12-62 所示。

图 12-61

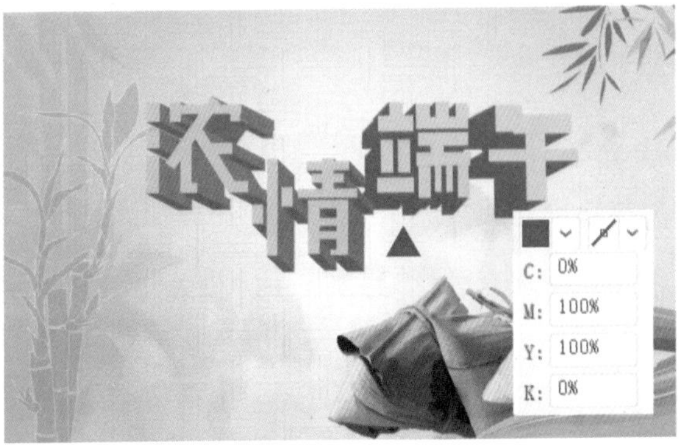

图 12-62

Step21 使用"直接选择工具" ▷ 单击绘制的正三角形，在控制栏中设置"边角"参数为 1.45cm，效果如图 12-63 所示。

Step22 选中编辑后的正三角形，按住 Alt 键向右拖动复制，如图 12-64 所示。

图 12-63

图 12-64

Step23 使用相同的方法，复制正三角形对象，最终如图 12-65 所示。

Step24 选中所有的正三角形对象，执行"窗口"|"对齐"命令，在打开的"对齐"面板中依次单击"垂直居中对齐" 🔅 按钮和"水平居中分布" 🔅 按钮，效果如图12-66所示。

图 12-65

图 12-66

Step25 单击工具箱中的"文字工具" **T** 按钮，在画板中合适位置单击，在控制栏中设置文字字体、大小等参数，完成后输入文字，如图12-67所示。

Step26 使用相同的方法输入其他文字，如图12-68所示。

图 12-67

图 12-68

Step27 继续使用相同的方法输入其他文字，如图12-69所示。

Step28 选中输入的文字，执行"窗口"|"文字"|"字符"命令，在打开的"字符"面板中设置合适的参数，如图12-70所示。

图 12-69

图 12-70

Step30 选中设置后的文字对象，在"对齐"面板中单击"对齐画板" ⬚ 按钮，然后单击"水平居中对齐" ⬚ 按钮，效果如图 12-72 所示。

图 12-71

图 12-72

Step31 选中工具箱中的"画笔工具" ✎，在画板中绘制路径，如图 12-73 所示。

Step32 选中绘制的路径，在控制栏中设置参数，效果如图 12-74 所示。

图 12-73

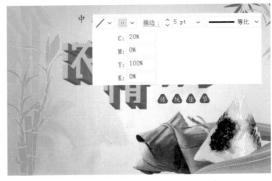

图 12-74

Step33 选中绘制的祥云路径，单击工具箱中的"实时上色工具" 🔲 按钮，在路径上单击，然后在工具箱底部的"标准的 Adobe 颜色控制组件"中设置填充颜色，移动鼠标至路径上单击，为路径填充颜色，如图 12-75 所示。

Step34 选中实时上色对象，按 Ctrl+C 组合键复制对象，按 Ctrl+F 组合键贴在前面，如图 12-76 所示。

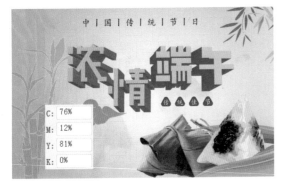

图 12-75

图 12-76

Step35 选中复制对象,执行"对象"|"实时上色"|"释放"命令,释放实时上色,效果如图 12-77 所示。

Step36 选中释放实时上色的对象,在控制栏中设置参数,效果如图 12-78 所示。按 Ctrl+G 组合键编组对象。

图 12-77

图 12-78

Step37 选中设置参数的对象,按 Ctrl+G 组合键编组对象。执行"效果"|"风格化"|"投影"命令,打开"投影"对话框并设置参数,如图 12-79 所示。完成后单击"确定"按钮,效果如图 12-80 所示。

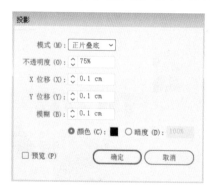

图 12-79

图 12-80

Step38 选中添加效果的路径和底部的实时上色对象,按 Ctrl+G 组合键编组对象。按住 Alt 键拖动复制至合适位置,并调整大小,效果如图 12-81 所示。

Step39 单击工具箱中的"文字工具"**T**按钮,在画板中合适位置单击并拖动鼠标,形成一个文本框,在控制栏中设置义字字体、大小等参数,完成后输入文字,如图 12-82 所示。

图 12-81

图 12-82

Step40 选中句首部分文字，在控制栏中调整合适大小，效果如图 12-83 所示。

Step41 使用"画笔工具" ✐ 在画板中绘制路径，并调整不同的不透明度，效果如图 12-84 所示。

图 12-83

图 12-84

至此，完成户外广告主题的制作。

■ 12.2.3 输出户外广告 JPG 文件

本小节主要介绍输出户外广告的步骤，具体操作如下。

Step01 执行"文件"|"导出"|"导出为"命令，在打开的"导出"对话框中设置合适的存储位置与名称，如图 12-85 所示。

Step02 选择保存类型为 JPEG（*.JPG）格式，勾选"使用画板"复选框，然后单击"导出"按钮，打开"JPEG 选项"对话框，如图 12-86 所示。

图 12-85

图 12-86

Step03 在"JPEG 选项"对话框中设置完参数后单击"确定"按钮，导出图片，在文件中找到导出的图片并打开，最终效果如图 12-87 所示。

图 12-87

至此，完成户外广告的制作与导出。